Julio Cardinal
JAÍNE Vogt

Utilisation de conteneurs comme lieux de vie sur les petits chantiers de construction

Julio Cardinal
JAÍNE Vogt

Utilisation de conteneurs comme lieux de vie sur les petits chantiers de construction

En conformité avec la norme NR-18

ScienciaScripts

Imprint

Any brand names and product names mentioned in this book are subject to trademark, brand or patent protection and are trademarks or registered trademarks of their respective holders. The use of brand names, product names, common names, trade names, product descriptions etc. even without a particular marking in this work is in no way to be construed to mean that such names may be regarded as unrestricted in respect of trademark and brand protection legislation and could thus be used by anyone.

Cover image: www.ingimage.com

This book is a translation from the original published under ISBN 978-620-2-04770-8.

Publisher:
Sciencia Scripts
is a trademark of
Dodo Books Indian Ocean Ltd. and OmniScriptum S.R.L publishing group

120 High Road, East Finchley, London, N2 9ED, United Kingdom
Str. Armeneasca 28/1, office 1, Chisinau MD-2012, Republic of Moldova, Europe
Printed at: see last page
ISBN: 978-620-7-23589-6

Copyright © Julio Cardinal, JAÍNE Vogt
Copyright © 2024 Dodo Books Indian Ocean Ltd. and OmniScriptum S.R.L publishing group

RÉSUMÉ

1 INTRODUCTION	2
2 BASE THÉORIQUE	4
3 MÉTHODOLOGIE DE LA RECHERCHE	25
4 PRÉSENTATION ET ANALYSE DES RÉSULTATS	28
5 CONSIDÉRATIONS FINALES	47
RÉFÉRENCES	50
ANNEXE A - Questionnaire sur la connaissance de la NR-18	56
ANNEXE A - Liste de contrôle de la surface habitable	82

1 INTRODUCTION

Au Brésil, le principal outil utilisé pour prévenir les accidents et les maladies professionnelles dans le secteur de la construction est la norme réglementaire n° 18 (NR-18), qui régit les conditions de travail et l'environnement dans l'industrie de la construction (SOUZA, 2013). Par conséquent, en ce qui concerne les espaces de vie, l'adéquation des environnements doit répondre aux exigences de cette norme, tout en garantissant le confort, la sécurité et l'hygiène des travailleurs. Partant de ce constat, l'objet de cette étude porte sur l'analyse de la faisabilité économique de la conception et de la mise en œuvre d'aires de vie conteneurisées pour les petits chantiers de la ville d'Itapiranga et de la région environnante, afin de présenter une solution possible au manque d'installations temporaires sur les chantiers de construction.

L'industrie de la construction civile (CCI) joue un rôle fondamental dans l'économie du pays, où les investissements ont un impact direct sur le nombre d'emplois, l'amélioration de la construction et le soutien au développement (SILVA ; RODRIGUES, 2014). Cependant, le secteur se caractérise toujours par un niveau élevé d'accidents dans l'industrie de la construction, associé à la négligence des professionnels et des entreprises responsables, qui offrent des conditions de travail dangereuses. Ainsi, les accidents du travail sont directement liés aux conditions environnementales auxquelles les travailleurs sont exposés, en plus des aspects psychologiques qui englobent des facteurs humains, sociaux et économiques (MEDEIROS ; RODRIGUES, 2001).

La NR-18 est la norme responsable de la réglementation des conditions de travail dans l'industrie de la construction et détermine les exigences de base pour l'aménagement des espaces de vie dans l'industrie de la construction, les actions de prévention des accidents et la mise en œuvre obligatoire du Programme des conditions et de l'environnement dans l'industrie de la construction (PCMAT) sur les chantiers comptant au moins vingt travailleurs (MARTINS ; SERRA, 2003).

Selon Gomes (2011), chaque chantier de construction doit disposer d'un programme de prévention des risques environnementaux (PPRA), qui sert de référence pour la prévention sur les chantiers de construction. Cependant, sur les chantiers de petite taille et temporaires, il n'est pas habituel d'adapter et d'appliquer un programme visant à prévenir les accidents ou à fournir des avantages en matière de santé aux travailleurs. Il est donc évident que l'application de la NR-18 dans son point 18.4 (espaces de vie) est d'une importance fondamentale, car elle établit la responsabilité d'assurer des conditions de travail humaines adéquates, favorisant le confort et la productivité des travailleurs et, par conséquent, la prévention des accidents (TROTTA, 2011).

Selon Rocha, Saurin et Formoso (2000), la conformité des installations de sécurité passe par l'adoption des exigences minimales définies par la NR-18, dans sa version la plus récente, publiée en juillet 1995. Cependant, pour les professionnels du secteur, cette législation n'est toujours pas claire et il subsiste des incertitudes quant à la viabilité technique et économique de l'application de certains éléments.

Outre l'aspect technique, il y a la responsabilité sociale et humaine envers les travailleurs du secteur, qui est encore loin de recevoir l'attention qu'elle mérite. Nous pouvons constater qu'il y a encore une carence en termes de culture, de conscience professionnelle et de demande, ce qui se traduit par le nombre élevé d'accidents, de maladies professionnelles et de décès, ce qui rend imminent le combat pour changer ce scénario et orienter la réflexion des professionnels du secteur vers la pertinence du problème en question, en plus de sensibiliser les travailleurs à l'importance de préserver la vie (JUNIOR, 2002).

La mise en place et l'entretien d'espaces de vie présentant des caractéristiques de sécurité, de propreté et d'hygiène adéquates sont considérés comme une obligation pour les entreprises de construction et sont inspectés par le bureau régional du travail (DRT). Cependant, la négligence de ces aspects persiste et peut conduire à l'imposition d'amendes au constructeur et à l'embargo sur les travaux (MEDEIROS ; PINHEIRO, 2011).

La cause principale de ce problème se résume à l'échec, voire à l'absence, du dimensionnement des espaces de vie conformément à la NR-18, étant donné que de nombreux chefs de chantier, voire la politique de certaines entreprises, ne tiennent pas compte de ces spécifications, écartant ces espaces du projet (MEDEIROS ; PINHEIRO, 2011).

Pour tenter d'atténuer le problème et de promouvoir des améliorations, le secteur de la construction a adopté des pratiques plus viables et, corroborant cela, l'utilisation de conteneurs en tant que zones d'habitation mobiles est une alternative pour le secteur. Selon Occhi et Almeida (2016), l'un des principaux avantages de l'utilisation de ce matériau dans la construction civile est la réduction des coûts de construction, ainsi que des caractéristiques telles que la flexibilité, la résistance, la mobilité et la durabilité grâce à la réutilisation du matériau.

Compte tenu de ce qui a été dit dans le contexte ci-dessus, cette étude vise avant tout à répondre à la question suivante :

L'utilisation de conteneurs comme lieux de vie sur les petits chantiers de construction est-elle une alternative viable permettant à ce type de travaux de respecter la NR-18 ?

2 BASE THÉORIQUE

3.1 Le paysage des chantiers dans le secteur de la construction

Au Brésil, la construction civile est une branche de l'économie très demandée et employable, car il s'agit d'un service de main-d'œuvre qui présente de grands risques pour la santé des travailleurs (ZAGO et al., 2014).

Les accidents du travail figurent parmi les principales causes de décès dans le secteur et sont des chiffres inquiétants dans les statistiques présentées par le ministère de la Sécurité sociale (MPS), où l'industrie de la construction a enregistré 59 808 accidents du travail en 2011, ce qui correspond à une augmentation de 6,9 % par rapport à l'année précédente (ZAGO et al., 2014).

L'Organisation internationale du travail (OIT) estime que 2,34 millions de personnes meurent chaque année des suites de maladies et d'accidents du travail, dont 2 millions sont liés à des maladies professionnelles. En 2013, sur les 717 911 maladies et accidents professionnels signalés au Brésil, 2,12 % étaient des maladies (BRASIL, 2015a).

Dans le secteur de la construction, la majorité des accidents ne sont toujours pas signalés et ne figurent donc pas dans les statistiques officielles. Ce scénario est exacerbé sur les petits chantiers de construction, où le travail est généralement informel, où il n'y a pas de contrat ni de contrat formel et où les conditions de travail sont précaires. Par conséquent, sans conseils ni expérience, les travailleurs sont soumis à des conditions défavorables et à des risques d'accidents dans l'environnement (GOMES, 2011).

La santé des travailleurs se détériore considérablement, ce qui a incité les politiques publiques et l'État à exiger des solutions plus globales et organisées afin de minimiser les dommages causés aux travailleurs, à la sécurité sociale et à l'économie (BRASIL, 2015a).

Selon Medeiros et Rodrigues (2001), la situation réelle sur les chantiers de construction caractérise déjà les risques pour les travailleurs. Ces risques sont aggravés par des différences dans les méthodes utilisées pour mener à bien les activités, avec des situations qui n'ont pas été prévues mais qui sont fréquentes dans l'environnement de travail.

En 1995, la NR-18 a introduit de nouvelles exigences, telles que le PCMAT, qui vise à garantir la santé et l'intégrité des travailleurs en prévenant les risques découlant du système exécutif des chantiers de construction (ESPINOZA, 2002). Ce document, dont la mise en œuvre ne coûte presque rien, sert à vérifier le respect des obligations légales, mais il ne reçoit pas l'attention qu'il mérite, tout comme les espaces de vie, qui finissent par ne pas remplir leur fonction de collaboration avec la dignité humaine (SOBRINHO, 2014).

Le secteur est encore caractérisé par des traits traditionnels forts en matière de travail, tels que le nomadisme des chantiers, la forte rotation de la main-d'œuvre et les conditions précaires du travail humain, ainsi que les diverses impositions qui remettent en question la mise en place d'espaces de vie sur les chantiers, telles que les coûts, la surface disponible et les adaptations (MELO, 2001).

En ce qui concerne les conditions de travail, Rocha, Saurin et Formoso (2000) ont indiqué dans une enquête que la DRT, en tant qu'organisme d'inspection de la RN-18, dispose d'un effectif inférieur aux attentes et que dans l'intérieur des États, les conditions d'inspection sont pires, car dans de nombreux cas, elles sont inexistantes. Ainsi, la faible performance des chantiers de construction situés dans les villes de l'intérieur justifie le niveau d'inspection inférieur à celui des grandes capitales.

Il a également été confirmé que l'action des inspecteurs a une influence directe sur l'attention portée aux chantiers, c'est-à-dire que moins les inspections sont fréquentes, moins les mesures visant à améliorer la sécurité et l'hygiène sont nombreuses (ROCHA ; SAURIN ; FORMOSO, 2000).

Parallèlement, Gomes (2011) considère que les petits chantiers sont encore moins susceptibles d'être inspectés, car ils sont de plus courte durée et comptent moins de travailleurs sur place. Ils sont donc moins soumis à la rigidité et à l'adéquation des règles de sécurité, qui sont responsables du plus grand nombre d'accidents dans l'industrie de la construction.

3.2 Caractérisation de la taille du projet

Il n'existe pas de définition unique et formelle établie par les organes ou organisations du secteur pour distinguer la taille d'un projet de construction en tant que petite, moyenne ou grande. Toutefois, les entreprises peuvent être classées en fonction de leur taille, chaque organisation les classant selon ses propres concepts (GOMES, 2011).

NR-01 fait la distinction entre établissement, secteur des services, chantier de construction, front de travail et lieu de travail (BRASIL, 2009) :

Établissement, chacune des unités de l'entreprise, opérant dans des lieux différents, tels que : usine, raffinerie, usine, bureau, magasin, atelier, entrepôt, laboratoire ;

Le secteur des services est la plus petite unité administrative ou opérationnelle au sein d'un même établissement ;

Chantier de construction, zone de travail fixe et temporaire où sont effectuées les opérations de soutien et d'exécution de la construction, de la démolition ou de la réparation d'un ouvrage ;

Front de taille, zone de travail mobile et temporaire où se déroulent les opérations de soutien et d'exécution pour la construction, la démolition ou la réparation d'un ouvrage ;

Le lieu de travail est l'endroit où le travail est effectué (BRASIL, 2009, p. 2).

Pour le Service brésilien de soutien aux micro et petites entreprises (SEBRAE, 2014), les micro et petites entreprises (MPE) peuvent être définies en deux catégories dans le secteur de la construction : par le nombre de personnes employées dans l'entreprise ou par le chiffre d'affaires réalisé. Les micro-entreprises sont celles qui comptent jusqu'à 19 employés et les petites entreprises sont celles qui comptent entre 20 et 99 employés. En termes de revenus, les TPE sont celles dont les revenus annuels ne dépassent pas R$ 3 6000 000,00.

La Banque nationale de développement (BNDES) mentionne cinq fourchettes pour définir la taille d'une entreprise par le biais du revenu brut d'exploitation (ROB) (UTZIG et al., 2012). Il s'agit de :

Micro-entreprise : ROB annuel ou annualisé inférieur ou égal à 2,4 millions de R$;

Petite entreprise : ROB annuel ou annualisé supérieur à 2,4 millions de R$ et inférieur ou égal à 16 millions de R$;

Moyenne entreprise : ROB annuel ou annualisé supérieur à 16 millions de R$ et inférieur ou égal à 90 millions de R$;

Moyenne-grande entreprise : ROB annuel ou annualisé supérieur à 90 millions de R$ et inférieur ou égal à 300 millions de R$;

Grande entreprise : ROB annuel ou annualisé de plus de 300 millions de R$ (UTZIG et al., 2012, p. 4).

Dans la construction civile, la classification des travaux se concentre sur les activités suivantes : "construction de bâtiments, services spécialisés de construction, travaux de génie civil, démolition, préparation du site, terrassement, travaux de finition et travaux de fondation". La classification de la taille des travaux est souvent confondue avec les définitions de l'entreprise et de l'établissement (GOMES, 2011, p. 47).

Gomes (2011) classe les petits travaux comme ceux qui comptent jusqu'à 19 employés sur le site, quel que soit le stade des travaux ou le type de travaux, qu'ils soient résidentiels, de rénovation ou de construction, et qui sont conformes à la NR-18 et ne nécessitent pas de PCMAT. Les grands chantiers sont caractérisés par la présence de 20 employés à n'importe quel stade des travaux et par des chantiers plus vastes pouvant accueillir plus de 20 employés avec le PCMAT.

Au Brésil, les TPE sont d'importants producteurs de richesse pour le commerce, totalisant 53,4 % du produit intérieur brut (PIB) du secteur. "Dans le PIB de l'industrie, la participation des micro et petites entreprises (22,5 %) se rapproche déjà de celle des moyennes entreprises (24,5 %). Et dans le secteur des services, plus d'un tiers de la production nationale (36,3 %) provient des petites entreprises" (SEBRAE, 2014, p. 6).

3.3 Applicabilité de la NR-18 sur les chantiers de construction

En juin 1978, le ministère du Travail et de l'Emploi (MTE) a créé la NR-18, spécifiquement pour le secteur de la construction civile (BRASIL, 1978). Ce règlement établit "des lignes directrices administratives, de planification et d'organisation visant à mettre en œuvre des mesures de contrôle et des systèmes de sécurité préventive dans les processus, les conditions et l'environnement de travail de l'industrie de la construction" (BRASIL, 2015b, p. 2).

Révisée en 1995, la NR-18 a subi des changements considérables : elle n'inclut plus seulement les chantiers de construction et commence à s'intéresser à l'ensemble de l'environnement de travail de la construction civile. Cette norme considère comme activités du secteur celles qui appartiennent au tableau I de la NR-04 (construction de bâtiments, travaux d'infrastructure et services spécialisés pour la construction) et les activités et services de peinture, réparation, nettoyage, démolition et entretien de bâtiments en général, quelle que soit la construction ou le nombre d'étages, y compris les travaux d'aménagement paysager et d'urbanisation (BRASIL, 2015b, p. 2).

Lorsque ces activités sont menées par le propriétaire du chantier, celui-ci n'est pas soumis aux amendes administratives imposées par le MTE pour non-respect de la NR-18 (BRASIL, 2015b). Toutefois, la négligence des conditions minimales de sécurité peut conduire à l'exposition de ces travailleurs aux risques causés par ces activités, ce qui peut entraîner des accidents, des incapacités temporaires ou permanentes, voire la mort (ZARPELON ; DANTAS ; LEME, 2008).

Ce règlement définit les conditions et l'environnement de travail dans la construction civile et, selon ce document, l'entreprise responsable de l'exécution des travaux a l'obligation d'interdire aux travailleurs d'entrer ou de rester sur le chantier lorsqu'ils ne sont pas en sécurité en raison des mesures énoncées dans la NR-18 ou lorsque cela ne correspond pas à l'étape des travaux (BRASIL, 2015b).

Le respect de cette norme sur les chantiers de construction n'implique pas le non-respect d'autres normes, qu'elles soient déterminées par la législation fédérale, étatique ou municipale ou toute autre norme établie par les conventions collectives, en ce qui concerne les conditions de l'environnement de travail (BRASIL, 2015b).

La NR-01 oblige toutes les entreprises publiques et privées, ainsi que les organismes publics et les organes des pouvoirs législatif et judiciaire, dont les employés sont régis par la Consolidation des lois du travail (CLT), à respecter les NR relatives à la sécurité et à la médecine du travail, qui s'appliquent également aux travailleurs individuels, aux entreprises, aux entités et aux syndicats représentant les professionnels (BRASIL, 2009).

L'un des principaux changements intervenus dans le cadre de la NR-18 rend obligatoire l'élaboration d'un PCMAT pour toutes les entreprises de plus de 20 travailleurs. Cela rend les processus de production, la gestion du lieu de travail et l'orientation plus efficaces, réduisant ainsi le nombre d'accidents et de maladies professionnelles (LIMA JR. ; VALCARCEL ; DIAS, 2005).

Les entreprises de moins de 20 travailleurs ne sont pas libres d'ignorer leurs responsabilités en matière de sécurité, mais doivent identifier les risques au moyen des exigences définies dans la NR-

9 par la PPRA (ZARPELON ; DANTAS ; LEME, 2008).

Le PPRA vise à préserver la santé et l'intégrité des employés en anticipant, reconnaissant, évaluant et contrôlant l'occurrence des risques environnementaux qui existent déjà ou peuvent survenir sur le lieu de travail, afin de protéger les ressources naturelles et l'environnement (BRASIL, 2014a).

Le PPRA doit être mis en œuvre par chaque entreprise, sous la responsabilité de l'employeur et avec la coopération des travailleurs, et sa compréhension dépend des caractéristiques et de la maîtrise des risques (BRASIL, 2014a).

Selon la NR-9, au niveau régional, la DRT est l'organe responsable de la réalisation des activités relatives à la sécurité et à la médecine du travail, y compris le Programme d'alimentation des travailleurs (PAT), la Campagne nationale de prévention des accidents du travail (CANPAT), ainsi que du contrôle du respect des préceptes légaux et réglementaires de ces activités (BRASIL, 2014a).

Dans les limites de la juridiction, ils relèvent de la responsabilité de la DRT ainsi que de l'Office du travail maritime (DTM) (BRASIL, 2009, p.1) :

Prendre les mesures nécessaires pour assurer le respect fidèle des préceptes légaux et réglementaires en matière de santé et de sécurité au travail ;

Appliquer les sanctions appropriées en cas de non-respect des préceptes légaux et réglementaires en matière de sécurité et de médecine du travail ;

Embargo sur les travaux, interdiction des établissements, des secteurs de services, des chantiers, des fronts de taille, des machines et des équipements ;

Notifier aux entreprises les délais pour l'élimination et/ou la neutralisation des conditions insalubres ;

Répondre aux demandes judiciaires d'examens de santé et de sécurité au travail dans les lieux où il n'y a pas de médecin du travail ou d'ingénieur de sécurité au travail inscrit au MTE.

Outre le respect de la législation existante, la direction générale a l'obligation de fournir un environnement de travail sain et sûr, en pensant non seulement au bien-être du travailleur, mais aussi à celui de l'entreprise elle-même. L'amélioration de la santé, de la sécurité et de l'environnement de travail permet non seulement d'accroître la productivité, mais aussi de réduire le coût final du produit, car elle réduit les interruptions de processus, les accidents, les maladies professionnelles et l'absentéisme (VIEIRA, 2006).

"La politique de santé et de sécurité au travail d'une entreprise fait partie intégrante du processus de production et devrait être l'un des objectifs permanents de l'entreprise", qui vise à préserver les biens humains et matériels de ses clients et des tiers, notamment en suivant des pratiques conformes aux normes appropriées à la qualité des services et à la productivité (VIEIRA, 2006, p. 171).

D'une manière générale, les programmes de sécurité dans le secteur de la construction accordent la priorité à la prévention des accidents graves et mortels liés à l'enfouissement, aux chocs électriques, aux chutes de hauteur, aux équipements et aux machines sans protection adéquate. Les questions environnementales, l'éducation et les plans de prévention, l'ergonomie et les problèmes de santé causés par les mauvaises conditions d'alimentation, de transport et de logement des travailleurs ne sont pas moins importants (VIEIRA, 2006).

3.4 Dimensionnement des espaces de vie

Les zones de vie sont "des zones conçues pour répondre aux besoins humains fondamentaux en matière d'alimentation, d'hygiène, de repos, de loisirs, de socialisation et d'activités ambulatoires, et doivent être physiquement séparées des zones de travail" (BRASIL, 2015b, p. 52).

Sur les chantiers de construction, les zones de vie doivent contenir des installations sanitaires, un endroit pour manger, une cuisine lorsque les repas sont préparés sur place, un vestiaire, un logement, une buanderie, une clinique ambulatoire pour les chantiers de 50 travailleurs ou plus et une zone de loisirs (BRASIL, 2015b).

Le point 18.4 de la NR-18 définit les caractéristiques minimales pour la mise en œuvre des zones d'habitation, ainsi que les paramètres pour leur dimensionnement (BRASIL, 2015b).

3.4.1 Installations sanitaires

La NR-18 (BRASIL, 2015b, p. 3) définit les installations sanitaires comme "l'endroit destiné à l'hygiène corporelle et/ou à la satisfaction des besoins physiologiques d'excrétion". Les installations sanitaires sont nécessaires sur tout chantier de construction, quelle que soit sa taille, et il est interdit de les utiliser à d'autres fins.

Les installations sanitaires doivent comprendre "un lavabo, des toilettes et un urinoir, dans la proportion d'un ensemble pour chaque groupe de 20 travailleurs ou fraction de ce groupe, ainsi qu'une douche, dans la proportion d'une unité pour chaque groupe de 10 travailleurs ou fraction de ce groupe" (BRASIL, 2015b, p. 4). Selon la CBIC (2015), les installations sanitaires, les logements et les vestiaires doivent être séparés par sexe.

Selon la NR-18 (BRASIL, 2015b), les installations sanitaires doivent être construites avec une hauteur de plafond d'au moins 2,50 mètres, ou comme établi par le code de la construction de la municipalité où les travaux sont effectués ; elles doivent être constamment entretenues et assainies ; elles doivent avoir des portes qui ne permettent pas la pénétration et qui fournissent une protection adéquate ; elles doivent avoir des murs en matériau lavable et résistant, comme elles peuvent être en bois ; elles doivent avoir un revêtement lavable et imperméable avec une finition antidérapante ; elles doivent disposer d'un éclairage et d'une ventilation appropriés.

Les installations sanitaires ne doivent pas être directement reliées à la salle à manger et doivent être placées dans des zones sûres et faciles d'accès, sans avoir à parcourir plus de 150 mètres depuis le lieu de travail.

3.4.1.1 Lavabos

Selon la NR-18 (BRASIL, 2015b), les lavabos doivent être collectifs ou individuels, de type auge en matériau lisse, lavable et imperméable ; avoir un robinet en plastique ou en métal ; être placés à une hauteur de 0,90 m ; être reliés directement à un système d'égouts s'il y en a un ; avoir un espace de 0,60 m entre les robinets s'ils sont collectifs et contenir un dépôt pour l'élimination du papier usagé.

3.4.1.2 Bols de toilette

Selon la NR-18 (BRASIL, 2015b), le cabinet sanitaire doit avoir une surface minimale de 1,00 m^2 ; avoir une porte avec un verrou interne et un bord inférieur d'une hauteur maximale de 0,15 m ; avoir une hauteur de cloison minimale de 1,80 m et avoir un conteneur avec un couvercle pour jeter le papier usagé et une réserve de papier hygiénique.

Les toilettes doivent être constituées d'une cuvette turque ou siphonnée munie d'une vanne automatique ou d'une chasse d'eau et être reliées à un système d'égouts ou à une fosse septique (BRASIL, 2015b).

3.4.1.3 Urinoirs

L'urinoir à auge doit être équivalent à un urinoir à cuvette de 0,60 mètre et, selon la NR-18 (BRASIL, 2015b), doit être individuel ou collectif sous forme d'auge, recouvert d'un matériau lisse, lavable et imperméable ; comporter une chasse d'eau automatique ou déclenchée ; être placé à une hauteur maximale de 0,50 mètre et être raccordé au système d'égout ou à la fosse septique.

3.4.1.4 Douches

Conformément à la NR-18, chaque douche doit avoir une surface minimale d'utilisation de 0,80 mètre^2 et une hauteur de 2,10 mètres à partir du sol, avec une pente permettant à l'eau de s'écouler, faite d'un matériau antidérapant ou formée de cadres en bois (BRASIL, 2015b).

Les douches peuvent également être en plastique ou en métal, dans des cabines individuelles ou collectives, avec une alimentation en eau chaude, et chaque douche doit être équipée d'un porte-serviette et d'un porte-savon. Toutes les douches électriques doivent être reliées à la terre (BRASIL, 2015b).

3.4.2 Vestiaire

Selon la NR-18, lorsqu'il y a des travailleurs qui ne vivent pas sur le site, il doit y avoir un vestiaire pour qu'ils puissent se changer. Il doit être situé près de l'entrée du site et/ou du logement, sans lien avec la salle à manger (BRASIL, 2015b).

Les vestiaires doivent être construits avec des murs en bois, en maçonnerie ou tout autre matériau correspondant, avec une hauteur de plafond minimale de 2,50 mètres ou conformément au code de la construction de la municipalité où les travaux sont réalisés, avec des sols en béton, en ciment ou tout autre matériau correspondant, avec un toit de protection contre les intempéries, avec une surface de ventilation équivalente à 1/10 de la surface au sol et avec un éclairage naturel et/ou artificiel.

En outre, la NR-18 (BRASIL, 2015b) stipule qu'il doit y avoir des casiers individuels avec des serrures et des bancs d'une largeur minimale de 0,30 mètre pour répondre au nombre de travailleurs, car la zone doit être maintenue propre et aseptisée.

3.4.3 Hébergement

La NR-18 (BRASIL, 2015b) stipule que lorsque les travailleurs sont logés sur le chantier, le logement doit être construit en maçonnerie, en bois ou dans un matériau correspondant ; avoir un sol en béton, en ciment, en bois ou dans un matériau correspondant ; avoir un toit pour se protéger des intempéries ; disposer d'une ventilation d'au moins 1/10 de la surface au sol avec un éclairage artificiel et/ou naturel ; disposer d'une surface minimale par module de garde-robe de 3,00 m^2 avec l'espace de circulation ; d'une hauteur de plafond de 3,00 m pour les lits doubles et de 2,50 m pour les lits simples ; disposer d'installations électriques protégées et d'un emplacement adéquat, qui ne peut pas se trouver dans les sous-sols ou dans les sous-sols des bâtiments.

Il est interdit d'utiliser plus de deux lits verticalement, et il doit y avoir une hauteur libre entre les lits et entre le lit supérieur et le plafond d'au moins 1,20 mètre. Le lit supérieur doit être équipé d'une protection latérale et d'une échelle (BRASIL, 2015b).

Les lits doivent avoir des dimensions minimales de 0,80 m sur 1,90 m avec une séparation de 0,05 m entre les lattes, et avoir un matelas d'une épaisseur minimale de 0,10 m et d'une densité de 26. Les lits doivent avoir une taie d'oreiller, un drap, un oreiller et une couverture, dans des conditions hygiéniques (BRASIL, 2015b).

Selon la NR-18 (BRASIL, 2015b, p. 6), les quartiers d'habitation doivent disposer d'armoires individuelles doubles ayant les dimensions suivantes : 1,20 mètre de haut, 0,30 mètre de large et 0,40 mètre de profondeur, avec un compartiment de 0,80 mètre de haut pour ranger les vêtements communs et un compartiment de 0,40 mètre pour les vêtements de travail. Lorsque l'armoire est divisée verticalement, elle doit avoir une hauteur de 0,80 mètre, une largeur de 0,50 mètre et une profondeur de 0,40 mètre.

Il est interdit de cuisiner ou de chauffer des aliments dans le logement, qui doit être maintenu en permanence dans un état de propreté et d'hygiène. De l'eau potable fraîche et filtrée doit être fournie dans des fontaines à boire ou similaires, à raison de 1 pour 25 travailleurs ou fraction de 25 (BRASIL, 2015b).

Il est interdit aux travailleurs atteints de maladies infectieuses de séjourner dans un logement (BRASIL, 2015b).

3.4.4 Lieu de restauration

Le chantier de construction doit obligatoirement disposer d'un environnement où les travailleurs peuvent prendre leurs repas et la NR-18 (BRASIL, 2015b) précise que l'endroit doit avoir des murs qui peuvent être fermés aux heures des repas, avec un couvercle pour se protéger des intempéries ; disposer d'un lavabo sur le chantier ou à proximité ; contenir des tables avec une surface propre et lavable, avec suffisamment de sièges pour tous les travailleurs aux heures des repas ; être situé dans un endroit approprié et ne peut pas être dans des sous-sols ou des caves. De l'eau potable fraîche et filtrée doit également être disponible sur le site, via des fontaines inclinées ou similaires, sans partage des verres.

La salle à manger doit répondre aux mêmes normes de construction que le logement et les installations sanitaires (ZARPELON ; DANTAS, LEME, 2008) ; LEME, 2008). Elle doit avoir une hauteur de plafond minimale de 2,80 mètres ou être conforme au code de la construction de la municipalité où elle est située, avoir un sol en béton ou en ciment ou un autre matériau similaire lavable, un éclairage et une ventilation naturels et/ou artificiels, et il ne doit pas y avoir de connexion directe avec les installations sanitaires (BRASIL, 2015b).

Chaque chantier doit disposer d'un endroit pour chauffer les repas, avec un équipement approprié, indépendamment de l'existence d'une cuisine ou du nombre de travailleurs. Il est interdit de chauffer ou de préparer des repas dans tout autre environnement (BRASIL, 2015b).

3.4.5 Cuisine

Selon la NR-18 (BRASIL, 2015b), lorsque des aliments sont préparés sur des chantiers de construction, la cuisine doit être équipée d'un évier pour le lavage des ustensiles et des aliments, d'un endroit pour stocker et réfrigérer les aliments, d'une surface résistante au feu ; des installations sanitaires non reliées au bac à graisse, exclusivement pour les responsables de la cuisine, sans lien direct avec celui-ci, avec un conteneur muni d'un couvercle pour l'élimination des déchets et, en cas d'utilisation de gaz de pétrole liquéfié (GPL), celui-ci doit être logé dans une zone ventilée et couverte, en dehors de l'environnement de la cuisine.

Sur les chantiers de construction, la cuisine doit répondre aux mêmes normes de construction que les autres installations de la zone d'habitation, avec un sol en béton cimenté ou tout autre matériau lavable ; construite en maçonnerie, béton, bois ou tout autre matériau correspondant ; avoir une hauteur sous plafond de 2,80 mètres ou conformément au code de la construction de la municipalité où les travaux doivent être réalisés ; une ventilation naturelle ou artificielle permettant d'évacuer l'air vicié ; un éclairage naturel et/ou artificiel et des installations électriques protégées et adéquates (BRASIL, 2015b).

3.4.6 Blanchisserie

Selon la NR-18 (BRASIL, 2015b), les zones d'habitation doivent comporter un espace couvert, éclairé et ventilé pour le lavage, le séchage et le repassage des vêtements lorsque les travailleurs sont logés. Il doit y avoir autant de réservoirs individuels ou collectifs que nécessaire sur le site, et l'entreprise peut louer les services de tiers sans frais pour le travailleur.

3.4.7 Consultations externes

Lorsqu'il s'agit de chantiers de construction comptant 50 travailleurs ou plus, il est obligatoire de disposer d'une clinique médicale sur place (BRASIL, 2015b), et la NR-7, qui traite des programmes de contrôle médical de la santé au travail (PCMSO), stipule que "chaque établissement doit être équipé du matériel nécessaire pour prodiguer les premiers soins, en tenant compte des caractéristiques de l'activité exercée ; conserver ce matériel dans un endroit approprié, sous la garde d'une personne formée à cet effet" (BRASIL, 2013b, p. 5).

3.4.8 Espace de loisirs

Lorsque les travailleurs sont logés sur le chantier de construction, ils doivent disposer d'une aire de loisirs désignée dans les zones d'habitation, et la salle à manger peut être utilisée à cette fin (BRASIL, 2015b).

3.5 Caractérisation et composition des conteneurs normalisés ISO

Selon le décret n° 80.145 d'août 1977, le conteneur standard de l'Organisation internationale de normalisation (ISO) "est un conteneur en matériau résistant, conçu pour transporter des marchandises de manière sûre, inviolable et rapide, équipé d'un dispositif douanier de sécurité" (BRASIL, 1977, p. 1).

Au Brésil, en 1971, les normes techniques et de sécurité proposées par l'ISO ont été ratifiées par le biais de conventions internationales par les organes de l'Association brésilienne des normes techniques (ABNT) et de l'Institut de métrologie, de normalisation et de qualité technique (INMETRO). Cela a donné lieu aux premières normes pour les conteneurs, y compris la classification, les dimensions, la terminologie, les spécifications, etc. (PIZAIA et al., 2012).

Les conteneurs sont couramment utilisés pour transporter des marchandises dans les camions, les avions, les trains et les bateaux, car il s'agit d'un moyen de transport plus sûr, avec des coûts de fret moins élevés et un chargement et un déchargement plus faciles, étant donné que les conteneurs sont conçus pour résister à un usage constant (PIZAIA et al., 2012).

Selon Carbonari et Barth (2015), les conteneurs sont des modules métalliques préfabriqués composés de profilés et de tôles en acier patiné, également connu sous le nom d'acier Corten. Cet acier possède des propriétés anticorrosives élevées qui agissent comme un film d'oxyde protégeant le matériau et réduisant l'action des agents corrosifs.

Selon Carbonari et Barth (2015), les conteneurs ont une structure composée de quatre poutres supérieures et inférieures qui sont reliées par des piliers pour former une partie rigide. La coque est composée du plancher et de cinq autres panneaux, un en haut, un à l'arrière, deux sur les côtés et le panneau avant, qui présente une ouverture à deux battants, tous soudés aux poutres périmétriques, comme le montre la figure 1.

Figure 1 - Composition d'un conteneur ISO

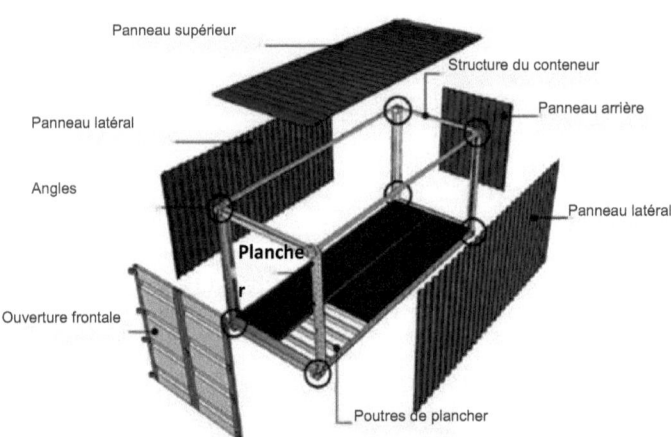

Source : Carbonari (2015).

Les conteneurs peuvent supporter jusqu'à dix fois leur propre poids, ce qui permet le regroupement statique de huit modules dans le sens transversal et de trois modules dans le sens longitudinal. Cela n'est possible que parce que les charges sont supportées et transférées des poutres aux piliers et conduites aux points d'appui de la structure du conteneur. Toutefois, pour garantir l'efficacité de la structure et la transmission des charges, il est essentiel de veiller à ce que les angles restent en position l'un au-dessus de l'autre (CARBONARI ; BARTH, 2015).

Selon CBF Cargo (2015), les unités de mesure utilisées pour standardiser la taille des conteneurs sont les pieds (') et les pouces ("). Ces dimensions correspondent à la taille associée à la longueur et aux mesures extérieures. Les conteneurs peuvent être de différentes hauteurs et longueurs, mais la largeur est la seule dimension invariable.

À la fin de leur vie utile, Carbonari et Barth (2015) rapportent que les conteneurs qui ont été utilisés pour transporter des marchandises sont mis au rebut, ce qui conduit à l'élimination d'un grand nombre de vieux modèles dans l'industrie portuaire. Par conséquent, leur utilisation dans la CCI est une alternative pour la réutilisation de ce matériau, tout en ayant un grand potentiel en termes de résistance et de polyvalence.

3.5.1 Types de conteneurs normalisés ISO

Dans l'industrie, il existe plusieurs types de conteneurs, dont la taille, la forme et la résistance varient. Les plus couramment utilisés dans la construction sont les conteneurs secs de 20 et 40 pieds (OCCHI ; ALMEIDA, 2016).

Pour ce faire, le conteneur doit répondre aux exigences de la norme NR-18, qui prévoit une hauteur de plafond minimale de 2,40 mètres et d'autres exigences spécifiques pour l'utilisation de ces modules sur les chantiers de construction (CARBONARI, 2015).

Par conséquent, toutes les modifications et adaptations nécessaires aux dimensions de ces modules seront envisagées au stade de la conception architecturale, afin qu'ils soient conformes à la norme, étant donné qu'ils n'ont pas été conçus comme des espaces habitables (CARBONARI, 2015).

3.5.1.1 Conteneur sec standard de 20 pieds

Les conteneurs secs sont les plus couramment utilisés pour les marchandises générales, les marchandises sèches ou non périssables avec un rapport poids/volume moyen. Ils ont une structure parallélépipédique avec des portes frontales. Il existe quelques variantes dans cette catégorie, telles que celles dotées de crochets pour le transport de vêtements. Ce type de conteneur est également l'un des plus utilisés pour modifier ces modules en espaces habitables (PIZAIA et al., 2012).

Selon Occhi et Almeida (2016), le conteneur Dry de 20 pieds illustré à la figure 2 a des dimensions extérieures de 2,59 m de haut, 6,06 m de long, 2,44 m de large et peut contenir jusqu'à 24 tonnes.

Figure 2 - Conteneur Dry Standard de 20 pieds

Source : CW Estruturas Metâlicas LTDA (2015).

Le tableau 1 présente les dimensions fournies par MAXTON Logistica e Transportes (2016), en se référant aux mesures externes et internes, telles que les dimensions d'ouverture, le poids supporté et le cubage.

Tableau 1 - Mesures du conteneur sec de 20 pieds ou conteneur standard

Mesures	Dimensions (mm)			Poids (kg)			Cubage (m)^3
	Comp.	Alt.	Largeur	Maxima	Tare	Charge	
Mesure externe	6.058	2.591	2.438				
Mesure interne	5.910	2.388	2.346	24.0002	.08021	.920	33,2
Hauteur de la porte	-	2.282	2.340				

Source : Adapté de MAXTON Logistica e Transportes (2016).

3.5.1.2 Conteneur sec standard de 40 pieds

Le conteneur Dry Standard de 40 pieds a des dimensions de largeur et de hauteur identiques à celles du Dry de 20 pieds, la seule différence étant la longueur, avec 12,19 mètres et une capacité de charge maximale de 26,93 kg (OCCHI ; ALMEIDA, 2016).

Ce modèle de conteneur, comme le Dry de 20 pieds, est l'un des plus courants de la catégorie Standard et peut facilement être modifié en 10 ou 45 pieds, selon l'usage. Ces conteneurs sont également les plus utilisés pour adapter des conteneurs dans des bureaux, des maisons, des écoles, des postes de garde, etc. Pour ces adaptations, les matériaux sont souvent utilisés pour le revêtement intérieur et extérieur, comme l'illustre la figure 3 (GRUPO IRS, 2016).

Figure 3 - Conteneur Dry Standard de 40 pieds

Source : CW Estruturas Metálicas LTDA (2015).

Le tableau 2 ci-dessous présente les dimensions indiquées par MAXTON Logistica e Transportes (2016) pour le conteneur sec de 40 pieds en termes de dimensions externes et internes, telles que les dimensions d'ouverture, le poids supporté et la capacité cubique.

Tableau 2 - Mesures des conteneurs secs de 40 pieds

Mesures	Dimensions (mm)			Poids (kg)		Cubage (m)^3
	Comp.	Alt.	Largeur	Tare maximale	Charge	
Mesure externe	12.192	2.591	2.438			
Mesure interne	12.044	2.380	2.342	30.4803	.55026.930	67,6
Hauteur de la porte		2.280	2.337			

Source : Adapté de MAXTON Logistica e Transportes (2016).

3.5.1.3 Dry High Cube Container 40 pieds

Les conteneurs High-Cube ont une structure similaire à celle des conteneurs standard, avec une différence de hauteur qui permet d'augmenter le volume d'environ 12 % par rapport à Dry 40 feet (PIZAIA, 2012).

Le conteneur Dry High Cube a des dimensions extérieures de 2,90 m de hauteur, 12,19 m de longueur, 2,44 m de largeur et une capacité maximale de 30,48 tonnes (OCCHI ; ALMEIDA, 2016). La figure 4 ci-dessous montre un conteneur Dry High Cube de 40 pieds.

Figure 4 - Conteneur Dry High Cube de 40 pieds

Source : CW Estruturas Metalicas LTDA (2015).

Le modèle Dry High Cube de 40 pieds est une alternative qui permet d'obtenir des hauteurs de plafond plus importantes, permettant de mieux accueillir les personnes dans un espace habitable, ainsi que l'avantage de faciliter l'encastrement des installations dans le placoplâtre (FIGUEROLA, 2013).

Le tableau 3 présente les dimensions indiquées par MAXTON Logistica e Transportes (2016), se référant aux mesures externes et internes, telles que les dimensions d'ouverture, le poids supporté et le cubage pour les conteneurs High Cube de 40 pieds.

Tableau 3 - Mesures du conteneur cubique de 40 pieds de haut

Mesures	Dimensions (mm)			Poids (kg)		Cubage (m)^3
	Comp.	Alt.	Largeur	Tare maximale	Charge	
Mesure externe	12.192	2.895	2.438			
Mesure interne	12.032	2.695	2.350	30.4804	.15026.330	76,2
Hauteur de la porte	-	2.338	2.585			

Source : Adapté de MAXTON Logistica e Transportes (2016).

3.6 Utilisation de conteneurs sur les chantiers de construction

Les conteneurs sont de plus en plus utilisés comme support et matière première dans la construction brésilienne, en particulier pour les bâtiments, les travaux résidentiels et commerciaux, entre autres (CARBONARI, 2015). En termes de durabilité, ils se sont avérés être une alternative polyvalente, car selon Figuerola (2013), après avoir été adaptés pour être utilisés dans la construction civile, les conteneurs ont une durabilité estimée à 90 ans, à condition qu'ils soient périodiquement entretenus.

La NR-18 (BRASIL, 2015b) autorise l'utilisation de conteneurs ISO pour l'installation temporaire de zones d'habitation sur les chantiers de construction, à condition que les modules disposent de 15 % de la surface au sol pour la ventilation naturelle et de deux ouvertures qui permettent une ventilation interne adéquate, garantissant des conditions de confort thermique adéquates.

Selon la NR-18 (BRASIL, 2015b, p. 53), les chantiers de construction peuvent être définis comme la " zone de travail fixe et temporaire où les opérations de soutien et l'exécution d'un projet de construction sont effectuées " Cet environnement est influencé par toutes les activités incluses dans le projet, et selon la NB-1367 (ABNT, 1991), il est divisé en zones de vie et en zones opérationnelles.

Ces installations doivent avoir une hauteur de plafond minimale de 2,40 mètres et assurer les conditions minimales de confort et d'hygiène requises par la NR-18. Les conteneurs doivent également être mis à la terre pour que les travailleurs en contact direct soient protégés contre le risque de choc électrique. Les installations mobiles, lorsqu'elles sont utilisées à des fins d'hébergement, doivent contenir des lits superposés et la hauteur libre entre les lits doit être d'au moins 0,90 mètre (BRASIL, 2015b).

L'adaptation des conteneurs utilisés pour le transport et le stockage de marchandises exige qu'un rapport technique, établi par un professionnel légalement qualifié et mis à la disposition du syndicat professionnel et de l'inspection du travail, soit conservé sur place pour prouver l'absence de risques physiques (notamment de radiation), chimiques et biologiques identifiés par l'entreprise responsable de la modification du conteneur (BRASIL, 2015b).

Selon Saurin et Formoso (2006), les conteneurs sont largement utilisés, en particulier dans les pays développés, car ils présentent des avantages tels que la rapidité de montage et de démontage, ainsi que la possibilité de créer les arrangements les plus variés à l'intérieur et de réutiliser la structure. Costa (2015) souligne l'utilisation croissante des conteneurs, l'influence de leur faible coût, de leur mobilité, de leur flexibilité, de leur faible production de déchets, de leur recyclabilité et de leur durabilité sur l'environnement.

Eurobras (2016) souligne que les modules peuvent être fabriqués pendant la préparation du chantier, ce qui permet de réduire les interruptions sur le chantier pour commencer les travaux, ainsi que les pertes de temps liées au dimensionnement des projets et à l'exécution d'installations provisoires. D'autre part, Costa (2015) et Araujo (2009) signalent des problèmes de performance thermique, car les modules ont une faible capacité d'isolation thermique et recommandent donc d'adapter le conteneur en utilisant un type d'isolation thermique pour contrôler les températures afin d'obtenir de meilleures conditions de confort pour les travailleurs. Dans la construction civile, cette isolation thermique peut être réalisée avec des matériaux relativement bon marché que l'on trouve facilement sur le marché, et l'isolation est incorporée dans la structure du conteneur (OCCHI ; ALMEIDA, 2016).

L'utilisation croissante des conteneurs a conduit au développement d'un système de construction innovant basé sur la modélisation spatiale. Les caractéristiques d'extensibilité et de flexibilité de la construction ouvrent des possibilités infinies de modification ou de création de nouveaux espaces dynamiques et multifonctionnels, présentant des constructions flexibles qui permettent la création d'espaces répondant aux besoins des utilisateurs (CARBONARI, 2015).

3.7 Budgétisation

Selon Carbonari (2015), en raison des caractéristiques et des particularités des bâtiments construits avec des conteneurs, il est nécessaire de réaliser une analyse de faisabilité technique et économique, ainsi que de vérifier la disponibilité et l'accessibilité de ces modules dans la région.

Selon Rodrigues et Rozenfeld ([n.d.], p. 1), l'analyse de la faisabilité économique et financière d'un projet, qu'il s'agisse du développement de services ou de produits, consiste à analyser et à estimer les aspects de la performance financière de ces services ou des produits connexes résultant du projet. L'analyse commence dès la phase de définition du projet, car lorsque le produit est choisi pour être développé, la décision est basée sur l'analyse de faisabilité de ce projet. Afin d'estimer le prix final du produit, le projet dans le budget prévisionnel est le résultat d'activités antérieures, ce qui permet de vérifier que le projet est viable et qu'il couvre tous les coûts appliqués au développement.

Selon Limmer (2015, p. 86), " un budget peut être défini comme la détermination des dépenses nécessaires à la réalisation d'un projet, selon un plan d'exécution préalablement établi, qui sont traduites en termes quantitatifs ".

Pour Limmer (2015), le budget d'un projet doit remplir les objectifs suivants :

a) Définir le coût de la réalisation des activités ou des services ;

b) Servir de base à l'analyse des revenus perçus par rapport aux ressources investies dans la réalisation du projet ;

c) Concevoir un document formel établissant les bases de facturation de l'entreprise exécutante afin de dissiper tout doute ou toute omission concernant les paiements ;

d) Servir de contrôle pour la réalisation du projet, en fournissant des informations pour la production de techniques fiables, en vue de faire progresser la capacité technique et la compétitivité de l'entreprise qui réalise le projet (LIMMER, 2015).

Selon Limmer (2015), lorsqu'un budget est établi, il est généralement basé sur des informations obtenues avant ou au début du projet, dont une grande partie est à un stade précoce, et dont le détail ne sera possible qu'après un certain temps, à travers le développement des conceptions de base et détaillées et l'achèvement du projet. Toute évaluation budgétaire peut être entachée d'une erreur, qui peut être plus ou moins importante selon la qualité des informations utilisées pour la préparer.

L'Institut d'ingénierie (2011), par le biais de la norme technique n° 01/2011, indique que le budget peut varier en fonction du stade du projet et peut être de type estimation des coûts, budget préliminaire, budget prévisionnel, budget analytique ou détaillé et budget synthétique ou résumé.

Selon les différents types de budget et leur adaptabilité aux différentes phases du projet, les budgets analytique et synthétique s'inscrivent dans le contexte du travail, puisqu'ils sont fondamentaux pour la préparation de l'analyse de faisabilité.

3.7.1 Budget analytique

Le budget analytique est la manière la plus détaillée et la plus précise d'anticiper le coût d'un projet. Il est réalisé sur la base de compositions de coûts et d'une recherche minutieuse des prix des intrants, dans le but de se rapprocher le plus possible du coût "réel" (MATTOS, 2014).

Il s'agit des coûts unitaires pour chaque service de l'ouvrage, en tenant compte de la quantité de main-d'œuvre, d'équipement et de matériaux dépensés pour l'exécution. "Outre le coût des services (coût direct), les coûts de maintenance du chantier, des équipes techniques, administratives et de soutien, les honoraires, les émoluments, etc. (coût indirect) sont également calculés, pour aboutir à une valeur budgétée précise et cohérente " (MATTOS, 2014, p. 42).

Selon Valentini (2009), le budget analytique consiste en un projet plus détaillé d'activités, formé et déterminé par des compositions, où le coût direct est obtenu. Ensuite, grâce aux coûts directs ajoutés aux bénéfices et aux dépenses indirectes (BDI), le prix de vente est établi.

En général, les budgets détaillés peuvent être divisés en services ou groupes de services, ce qui facilite la détermination des coûts partiels. Un budget peut être plus ou moins détaillé en fonction de l'objectif visé et sa précision est variable, mais il n'existe pas de budget totalement correct ou exact, il y a toujours des variables, des problèmes et des détails qui finissent par provoquer des erreurs. Tout budget est vulnérable à l'incertitude, mais les erreurs peuvent être minimisées grâce à une évaluation minutieuse et à l'attention portée aux détails (GONZALEZ, 2008 apud FAILLACE, 1988 ; PARGA, 1995).

3.7.2 Budget résumé

Selon l'Institut d'ingénierie (2011, p. 17), le budget sommaire " est l'ensemble des informations présentées dans des feuilles de calcul, contenant la liste des services sous forme résumée, avec les prix partiels et totaux pour l'exécution d'un projet de construction plus le BDI. Il peut être considéré comme un résumé du budget analytique".

"Le budget synthétique est calculé à l'aide de la méthode des indices de construction. Pour l'utiliser, il est indispensable de disposer d'un projet de base à partir duquel seront calculées toutes les macro-activités mesurables " (VALENTINI, 2009, p. 12).

3.7.3 Table Sinapi

Pour l'exécution des travaux avec les ressources de l'Union, les valeurs des coûts unitaires doivent être formées par le Système national de recherche, de coûts et d'indices de la construction civile (SINAPI, 2015), comme établi dans l'article 3 du décret n° 7.983/2013 :

Art. 3 Le coût global de référence des travaux et services d'ingénierie, à l'exception des services et travaux d'infrastructure de transport, sera obtenu à partir de la composition des coûts unitaires prévus dans le projet faisant partie de l'avis d'appel d'offres, qui sont inférieurs ou égaux à la médiane de leurs homologues dans les coûts unitaires de référence du Système national de recherche, de coûts et d'indices de la construction civile - Sinapi, à l'exception des éléments caractérisés comme montage industriel ou qui ne peuvent être considérés comme de la construction civile (BRASIL, 2013a, p. 1).

En outre, le système de référence, par le biais du décret n° 7.983 (BRASIL, 2013a) et des lois d'orientation, est un système largement utilisé par diverses entités et organismes de l'administration publique fédérale pour obtenir des prix fiables pour les budgets des services d'ingénierie et des travaux publics (BRASIL, 2014b).

Dans les budgets de travaux publics, les coûts doivent être basés sur les références du tableau SINAPI, qui comprend les compositions des services et les prix des intrants. Si nécessaire, les informations doivent être adaptées aux conditions particulières de chaque projet (SINAPI, 2015).

Selon Brasil (2014b), le système de référence génère des rapports sur les prix des intrants, un résumé des coûts des services, une composition analytique avec une vue d'ensemble des quantités et des intrants, un ensemble d'indicateurs et de progrès des coûts dans l'industrie de la construction et les coûts des projets.

" Les compositions Sinapi font l'objet d'un processus de benchmarking et font partie de la Banque de référence des compositions, dont les rapports sont également publiés mensuellement sur le site de la CAIXA pour toutes les capitales brésiliennes " (SINAPI, 2015, p. 18).

La standardisation des références et des critères par le biais de Sinapi est fondamentale, car elle garantit la standardisation des budgets, sert d'adhésion aux charges des entités ou organismes, garantit la rationalisation des services, offre une plus grande sécurité pour les gestionnaires et les budgéteurs publics, permet la transparence en réduisant les coûts privés pour les entreprises de construction participant aux appels d'offres, permet des critères d'évaluation plus objectifs en ce qui concerne les coûts de construction et aide comme source d'entrée pour les statistiques (SINAPI 2015).

3.7.4 Marge d'erreur du budget

La marge d'erreur est une statistique qui montre le nombre de défauts et d'inexactitudes résultant des estimations de prix, ainsi que les erreurs dans la quantité de services que chaque estimation permet (IBRAOP, 2012).

Le degré de développement d'un projet a une influence directe sur le budget, puisqu'il influe à la fois sur la précision de l'estimation des coûts et sur le budget qui en découle. En ce qui concerne le niveau de précision, le budget est lié au type de travail, car certaines quantités de services sont moins précises lorsqu'elles sont estimées (IBRAOP, 2012).

En référence aux marges d'erreur pour évaluer le degré de précision d'un budget, certains types de budgets sont présentés dans le tableau 1, en fonction de la phase du projet à laquelle ils se réfèrent (IBRAOP, 2012).

Tableau 1 - Marge d'erreur autorisée pour le coût estimé

Type	Précision	Marge d'erreur	Projet	Éléments nécessaires
L'évaluation	Faible	30%	Avant-projet	Surface bâtie Norme de finition Coût unitaire de base
Budget synthétique	Moyenne	10 a 15%	Conception de base	Plans directeurs Spécifications de base Prix de référence
Budget analytique	Haut	5%	Projet exécutif	Plans détaillés Spécifications complètes Prix négociés

Source : Cour fédérale des comptes (BRASIL, 2013b).

Pour le constructeur, les marges d'erreur en pourcentage indiquées dans le tableau 1 ne doivent pas être considérées comme une éventualité ou un risque, et l'incorporation du BDI dans le budget des travaux publics est indue (IBRAOP, 2012).

Ainsi, le budget analytique présente une marge d'erreur plus faible que les autres, ce qui signifie que la préparation de votre projet nécessite des données plus complètes, guidant la préparation de l'étude de faisabilité du projet en question à l'aide du budget synthétique. Bien qu'il présente une marge d'erreur légèrement plus importante, il est le plus approprié en termes de précision.

3.8 L'étude de faisabilité

Selon la Cour fédérale des comptes (TCU), une étude de faisabilité permet d'évaluer le développement qui répond le mieux aux besoins de l'acheteur en termes d'aspects techniques, environnementaux et socio-économiques (BRASIL, 2013c).

Les aspects techniques peuvent être évalués en tant que possibilités de mise en œuvre du projet, tandis que le contexte environnemental englobe la future entreprise dans une évaluation préliminaire de l'impact sur l'environnement afin de créer l'harmonie appropriée entre les travaux et l'environnement et, en ce qui concerne l'aspect socio-économique, des examens sont effectués concernant les améliorations et les dommages probables résultant de la mise en œuvre des travaux (BRASIL, 2013c).

En outre, selon le TCU (BRASIL, 2013c), à ce stade, les coûts découlant des alternatives possibles sont évalués et une façon de les calculer consiste à multiplier le coût au mètre carré, qui peut être obtenu auprès de magazines spécialisés en fonction du type de travaux, par la surface correspondante du bâtiment. On obtient ainsi un budget avec un ordre de grandeur pour chaque projet, ce qui permet d'estimer le budget idéal. Cette étape est essentielle pour comprendre les valeurs en jeu et choisir les propositions, car il n'est pas possible de clarifier avec précision les coûts liés à l'exécution des travaux.

Enfin, le TCU décrit la nécessité d'analyser le rapport coût/bénéfice des travaux, en tenant compte de la compatibilité des ressources disponibles et des besoins de la population locale (BRASIL, 2013c).

3 MÉTHODOLOGIE DE RECHERCHE

3.1 Détermination des variables et méthodes d'analyse

Ce travail consiste en une recherche bibliographique et de terrain menée sur de petits chantiers de construction dans la ville d'Itapiranga et la région environnante, avec une approche qualitative et quantitative, où des données ont été collectées sur la connaissance de la NR-18 (BRASIL, 2015b), ainsi que sur l'applicabilité de l'article 18.4 de la réglementation sur les chantiers de construction.

Pour appliquer le questionnaire, des visites de terrain ont été effectuées sur de petits chantiers de construction dans les municipalités d'Itapiranga et de la région environnante. Le questionnaire appliqué (annexe A) est composé de questions visant à évaluer les connaissances des travailleurs de la construction sur les principaux points énoncés dans la NR-18, les conséquences de leur négligence et les opinions sur les conditions et les améliorations de l'environnement de travail (GOMES, 2011).

Outre l'application du questionnaire, la méthode de la *liste de contrôle* (annexe A) a été utilisée pour analyser la présence ou l'absence d'installations sanitaires, d'un lieu de restauration, d'une cuisine, d'un vestiaire, d'un logement, d'une buanderie, d'une clinique ambulatoire et d'un espace de loisirs, conformément à la NR-18 pour les chantiers de construction comptant jusqu'à 19 travailleurs (STRESSER, 2013).

Pour l'analyse, des données et des enregistrements photographiques des conditions de travail et des installations des zones d'habitation ont été collectés sur le terrain, en utilisant comme outil la *liste de contrôle d'inspection du site de* construction qui a été élaborée sur la base de la NR-18, qui réglemente les conditions de travail et l'environnement dans l'industrie de la construction (STRESSER, 2013).

Selon Rocha, Saurin et Formoso (2000), la *liste de contrôle est* auto-explicative, c'est-à-dire qu'elle n'a pas besoin d'être expliquée pour être comprise, afin d'en faciliter l'application. La liste a été remplie selon les critères de Saurin (1997) et comportait les options "oui", "non" et "non applicable".

Le nombre de bâtiments en construction pour l'application et l'analyse de la recherche présentée ci-dessus a été déterminé par une enquête de données auprès des mairies des municipalités d'Itapiranga, Ipora do Oeste, Sao Joao do Oeste et Tunàpolis, afin de vérifier le nombre de petits bâtiments publics et/ou privés en construction. Les données fournies par ces organisations sont présentées dans le tableau 2 ci-dessous :

Tableau 2 - Nombre de travaux en cours dans les municipalités analysées

Municipalité	Nombre d'œuvres
Ipora do Oeste	181
Itapiranga	28
Sao Joao do Oeste	56
Tunàpolis	31

Source : Auteur (2016).

Le nombre de projets de construction déclarés par la municipalité d'Ipora do Oeste est assez élevé par rapport aux autres municipalités, mais cette information a été jugée douteuse. La municipalité elle-même a justifié ce chiffre comme étant le résultat de travaux de construction qui ont commencé en 2016 ou au cours des années précédentes et qui n'ont pas nécessité de permis de construire pour l'utilisation effective de la construction ou du bâtiment, de travaux de construction qui ont un permis de construire mais qui n'ont pas été commencés et de la construction de nouveaux lotissements au cours des dernières années.

Ainsi, un nombre représentatif de 39 œuvres a été adopté pour Ipora do Oeste, ce qui équivaut au nombre moyen d'œuvres dans les municipalités d'Itapiranga, Sao Joao do Oeste et Tunàpolis, caractérisant un nombre plus proche de la réalité, afin d'éviter de fausser les résultats.

Pour Barbetta (2002), la détermination de l'échantillon minimum peut se faire en calculant la taille de l'échantillon pour des populations finies. Cela nous donne

$$n = \frac{N.Z^2.p.(1-p)}{Z^2.p.(1-p) + e^2.(N-1)} \quad n = \frac{154.1{,}645^2.0{,}5.(1-0{,}5)}{1{,}645^2.0{,}5.(1-0{,}5) + 0{,}10^2.(154-1)} = 48 \text{ travaux}$$

Où ?

n = échantillon calculé ;

N = Population ;

Z = Variable normale standardisée associée au niveau de confiance ;

Niveau de confiance de 90% -> Z=1.645

Niveau de confiance de 95% -> Z=1.96

Niveau de confiance de 99 % -> Z=2,575

e = erreur d'échantillonnage ;

p = Probabilité réelle de l'événement.

Considérant un total de 154 projets de construction dans les municipalités d'Itapiranga et la région, l'échantillon calculé a abouti à 48 projets soumis à l'analyse, afin d'obtenir un rendement positif pour l'étude.

3.2 Matériel et équipement nécessaires

La collecte des données s'est faite sur le terrain, sur les chantiers, à l'aide de questionnaires et de listes de contrôle, de planches à pince et de feuilles de papier. Des photographies ont également été utilisées pour étudier les conditions de l'environnement de travail sur les chantiers.

La conception architecturale, électrique, hydraulique et sanitaire des espaces de vie dans un conteneur Dry High Cube de 20 pieds a été réalisée à l'aide du *logiciel* AutoCAD, suivie d'une analyse budgétaire du projet basée sur le tableau SINAPI pour en vérifier la viabilité économique.

4 PRÉSENTATION ET ANALYSE DES RÉSULTATS

Ce chapitre présente les résultats obtenus lors de la phase de terrain de l'application des questionnaires sur les chantiers des villes d'Itapiranga et de la région, dans le but d'évaluer les conditions de santé, de sécurité et d'hygiène des travailleurs de la construction, ainsi que l'acceptabilité de l'utilisation de conteneurs avec des espaces de vie dimensionnés, à la fois pour améliorer les conditions de travail sur les chantiers et pour mettre les petits chantiers en conformité avec la NR-18.

L'enquête, réalisée à l'aide d'un questionnaire et d'une liste de contrôle, a évalué 48 petits chantiers de construction situés dans les quatre villes susmentionnées et a approché 167 travailleurs, dont 120 ont répondu au questionnaire. Les chantiers évalués ont été choisis au hasard, chaque fois qu'ils répondaient aux caractéristiques de la recherche, jusqu'à ce qu'un total de 48 chantiers soit sélectionné.

5.1 Résultats de l'analyse des installations sanitaires

Les ouvrages évalués sont essentiellement des constructions résidentielles. En ce qui concerne l'existence d'installations sanitaires dans les 48 bâtiments étudiés, seuls 3 bâtiments ont été trouvés avec des espaces de vie installés, ce qui correspond à 6% du nombre total de bâtiments visités, comme le montre la figure 5, mais tous ont été trouvés avec des irrégularités.

Figure 5 - Pourcentage de chantiers de construction comportant des zones d'habitation

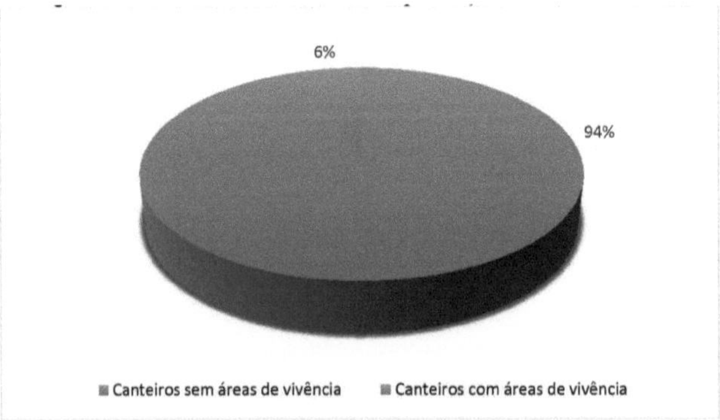

Source : Archives personnelles (2017).

Les non-conformités constatées dans les installations sanitaires des trois chantiers de construction avec locaux d'habitation, dénommés A, B et C, sont variées. En ce qui concerne les installations électriques, le chantier A ne disposait pas d'une protection adéquate, tandis que dans les douches, les trois chantiers manquaient de porte-serviettes et de porte-savons. Dans les lits B et C, il n'y avait pas de douches ni d'urinoirs. En ce qui concerne les toilettes, l'absence de couvercles sur les conteneurs destinés à l'élimination du papier usagé a également été constatée dans tous les lits.

En général, les installations sanitaires évaluées sur les sites A, B et C étaient bien entretenues, hygiéniques et propres, et les utilisateurs reconnaissaient leur importance et en appréciaient la nécessité.

La figure 6 illustre les installations sanitaires sur les sites A, B et C, respectivement.

Figure 6 - Installations sanitaires sur les sites de construction A, B et C

Source : Archives personnelles (2017).

5.2 Résultats des analyses des vestiaires

Les sites A et B disposaient de vestiaires, mais il y avait quelques irrégularités, comme l'installation de casiers individuels pour le rangement des vêtements des travailleurs dans la zone utilisée pour les repas, et l'absence de bancs en nombre suffisant pour les travailleurs du site.

Une fois cette zone trouvée, on a constaté l'absence de cadenas sur les casiers du site A, ainsi qu'une mauvaise utilisation de la zone, qui est désormais partagée avec des cartons, des sacs de ciment et un panneau de bois surélevé, qui occupent l'espace et gênent la circulation des employés. La figure 7 illustre le vestiaire du site A.

Figure 7 - Vestiaire sur le site A

Source : Archives personnelles (2017).

La figure 8 montre les armoires individuelles à côté de la salle à manger au moment de la visite du site et de l'enquête.

Figure 8 - Salle d'habillage sur le site B

Source : Archives personnelles (2017).

5.3 Résultats des analyses dans les hébergements

Aucun logement n'a été prévu sur les trois chantiers disposant d'installations temporaires. Sur le chantier A, les travaux doivent s'achever un an après la date de début des travaux. A cette fin, l'entreprise responsable maintient ses travailleurs dans des logements temporaires loués dans la ville où se déroulent les travaux, afin de garantir de meilleures conditions de confort, de santé et d'hygiène pour les travailleurs venant d'autres villes. L'entreprise responsable du chantier B utilise un minibus pour transporter ses travailleurs vers la ville d'exécution des travaux, il n'y a donc pas de logement sur le chantier, tout comme sur le chantier C qui en est dépourvu.

L'absence de logement sur les trois sites se traduit par l'absence de cuisine, de buanderie et d'espace de loisirs, ces éléments n'étant obligatoires que lorsque les travailleurs sont logés sur place.

5.4 Résultats des analyses dans la salle à manger

Sur les sites A et B, où il y avait une salle à manger, quelques irrégularités ont été constatées, comme l'absence de distributeurs d'eau inclinés (ou similaires) dans la salle à manger. Sur le site B, l'absence d'équipement adéquat pour réchauffer les repas a également été constatée.

Dans la salle à manger du site A, illustrée par la figure 9, une désorganisation a été observée, ainsi qu'un manque d'hygiène et de propreté.

Figure 9 - Salle à manger sur le site A

Source : Archives personnelles (2017).

La salle à manger du site A était remplie de matériaux, de vêtements, de boîtes et d'outils, comme le montre la figure 10, qui finissaient par occuper une grande partie de l'espace qui aurait dû être mis à la disposition des travailleurs pour qu'ils puissent se restaurer. La salle à manger est équipée d'un évier, d'une cuisinière et d'un réfrigérateur.

Figure 10 - Accumulation de matériaux sur le site pour les repas sur le site A

Source : Archives personnelles (2017).

La figure 11 montre la salle à manger du site B et, comme mentionné ci-dessus, les armoires qui doivent être placées dans une zone spécifique. Sur le site B, il y avait un évier improvisé et deux réfrigérateurs où les travailleurs conservent de l'eau fraîche pour la consommer pendant la journée de travail.

Figura 11 - Salle à manger du site B

Source : Archives personnelles (2017).

Sur le site C, il y avait des équipements pour chauffer et/ou préparer les aliments, comme le montre la figure 12, ainsi que des produits de nettoyage et un lavabo, à côté duquel se trouve la salle de bains. La NR-18 stipule que la zone de cuisine ne doit pas être directement reliée aux installations sanitaires.

Figura 12 - Équipement pour le chauffage et/ou la préparation des aliments sur place C

Source : Archives personnelles (2017).

5.8 Résultats de l'analyse graphique

La liste de contrôle appliquée aux chantiers de construction avec des zones d'habitation a permis une évaluation plus approfondie de la conformité des installations trouvées, conformément aux dispositions du point 18.4 de la NR-18.

La figure 13 ci-dessous résume la conformité NR-18 des espaces de vie visités :

a) Tous les sites visités disposent d'installations sanitaires ;

b) Parmi les sites visités, seuls 66,66 %, soit deux sites, disposent d'un vestiaire et d'un lieu de restauration ;

c) Tous les sites sont dépourvus de logements, de cuisines, de buanderies et d'installations de loisirs.

Figura 13 - Degré de conformité avec le point 18.4 de la NR-18

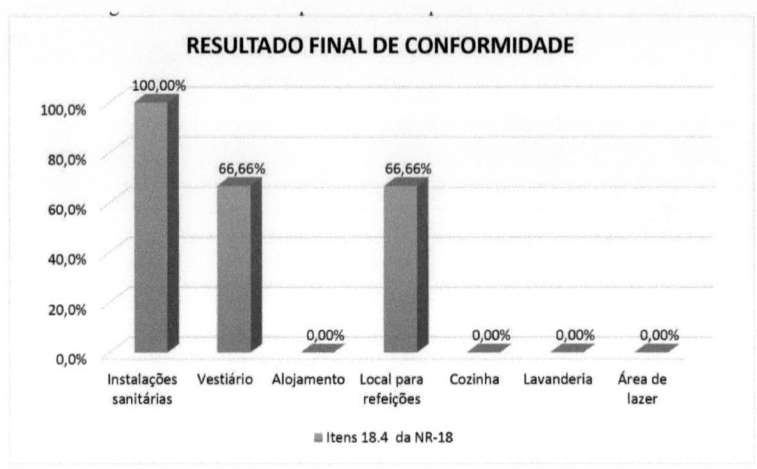

Source : Archives personnelles (2017).

Nous avons également examiné la performance individuelle de chaque chantier, évaluée en identifiant les éléments qui sont respectés ou diligents sur les chantiers visités, comme le montre la figure 14.

Figura 14 - Degré de conformité avec la NR-18 sur chaque site

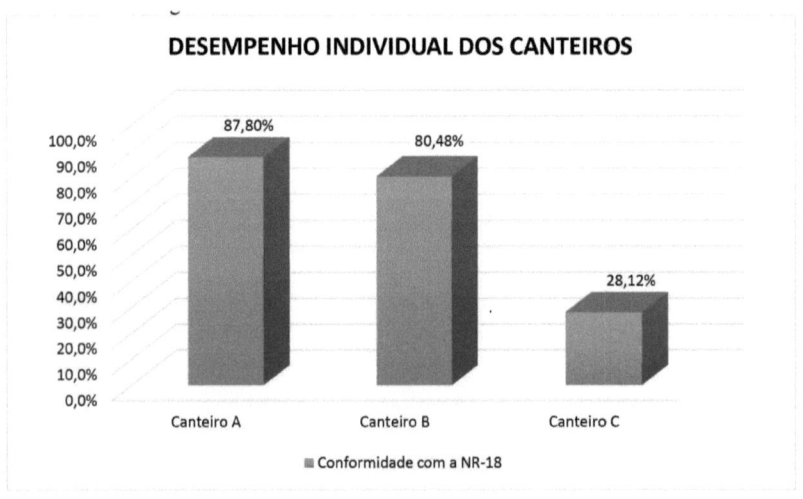

Source : Archives personnelles (2017).

Il est à noter que les trois chantiers évalués avec des espaces de vie, bien que non conformes, appartiennent à des entreprises de construction, ce qui montre qu'elles sont soucieuses des bonnes conditions de travail et de la sécurité des travailleurs. En discutant avec les travailleurs, il a été constaté que la majorité des chantiers évalués sont menés par des équipes d'indépendants ou de micro-entrepreneurs, qui affirment ne pas avoir les moyens financiers de répondre au cahier des charges de la NR-18.

5.9 Le profil des travailleurs

Dans l'échantillon étudié, certaines caractéristiques personnelles des travailleurs ont été identifiées, telles que la fonction exercée, le groupe d'âge et la durée de travail dans le secteur de la construction, ainsi que des questions relatives à la connaissance de la norme NR-18 et à l'acceptabilité de l'utilisation de conteneurs comme espaces de vie sur les petits chantiers de construction.

5.9.1 Fonction exercée sur le lieu de travail

Les résultats montrent que 63 % des travailleurs interrogés sont des maçons, suivis par 16 % de manœuvres, 11 % de constructeurs, 2 % de contremaîtres et de charpentiers et 6 % d'autres, comme le montre la figure 15. Bello (2015) souligne que le nombre élevé de travailleurs exerçant la fonction de maçon n'est pas surprenant, puisqu'il s'agit de la fonction présentant le contingent le plus important sur tout chantier de construction.

Certaines personnes interrogées ont indiqué que de nombreux travailleurs exerçaient plusieurs activités sur le chantier et qu'il existait également des "bricoleurs".

Figure 15 - Rôle joué sur le lieu de travail

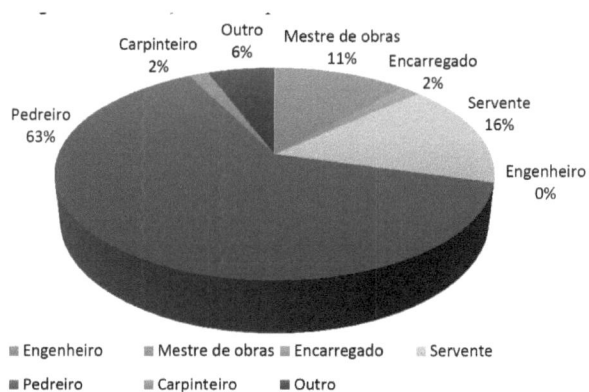

Source : Archives personnelles (2017).

5.9.2 Groupe d'âge des travailleurs

La main-d'œuvre des sites étudiés est composée exclusivement de travailleurs masculins d'âges très divers, avec 33 % de travailleurs âgés de 20 à 30 ans, 28 % de travailleurs âgés de 41 à 50 ans et l'autre partie de travailleurs âgés de 31 à 40 ans, soit 24 %. Le groupe des plus de 50 ans est composé d'un plus petit nombre de travailleurs, 14 %, et les travailleurs de moins de 20 ans représentent 1 %, comme l'illustre la figure 16.

Figure 16 - Groupe d'âge

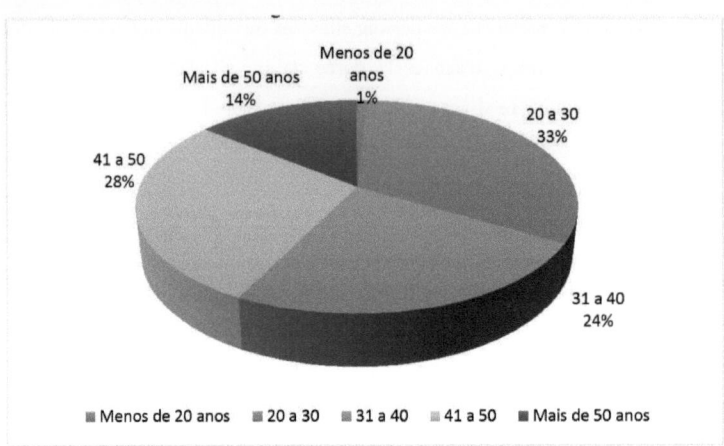

Source : Archives personnelles (2017).

5.9.3 Ancienneté dans le secteur de la construction

La figure 17 montre que les travailleurs interrogés ont des carrières bien réparties dans le secteur de la construction. La plus grande proportion, soit 24 % des travailleurs, travaille dans le secteur depuis 11 à 25 ans. Un autre pourcentage très proche, 22 %, déclare avoir travaillé entre 5 et 10 ans. Viennent ensuite, avec 19 %, moins de 5 ans et 17 % entre 16 et 20 ans. Les chiffres les plus bas sont ceux de 21 à 25 ans, 10 %, et de plus de 25 ans, 8 %.

Figura 17 - Travailler dans le secteur de la construction

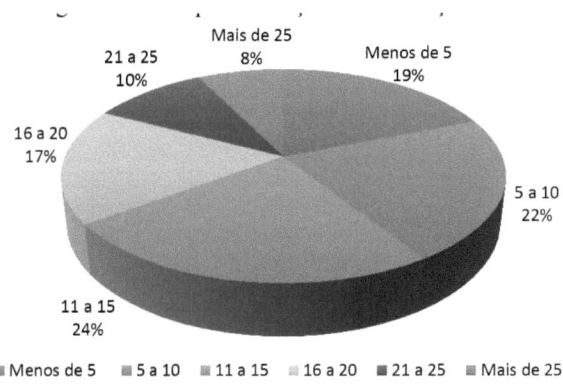

Source : Archives personnelles (2017).

5.10 Questions relatives à la NR-18

A la question sur la connaissance de la norme NR-18, la figure 18 montre qu'un peu plus de la moitié des personnes interrogées (51%) ont répondu non, c'est-à-dire qu'elles n'avaient jamais entendu parler de cette norme. Viennent ensuite 21% de oui, 12% de très peu, 12% de peu et 4% d'indécis.

La NR-18 est mal connue de la majorité des travailleurs, qui devraient la connaître aussi bien que les employeurs et les organismes d'inspection. Bien que les espaces de vie ne soient pas directement liés aux causes des accidents, Rocha, Saurin et Formoso (2000) affirment qu'ils finissent par les influencer d'une manière ou d'une autre, étant donné que les mauvaises conditions des espaces de vie contribuent à ralentir la motivation des travailleurs et à encourager les actes dangereux.

Certaines des personnes interrogées qui ont déclaré connaître la norme ou en avoir entendu parler ont fait remarquer qu'il s'agit d'un sujet souvent abordé dans les formations et les conférences destinées aux travailleurs.

Figura 18 - Connaissance de la NR-18 par les répondants à l'enquête

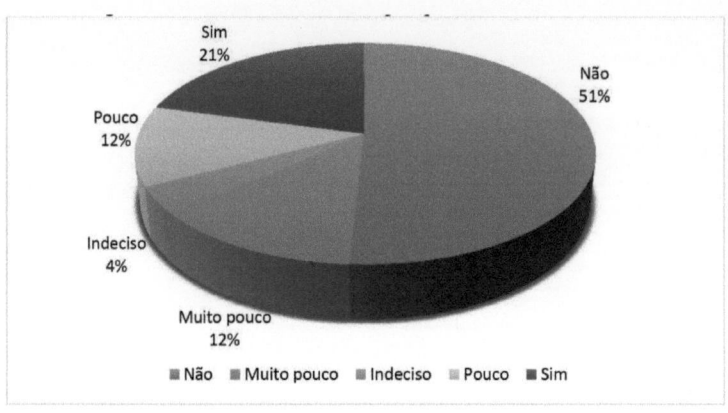

Source : Archives personnelles (2017).

À la question de savoir si les personnes interrogées savaient que la norme NR-18 exige la mise en place d'aires de séjour sur les chantiers de construction de toute taille, 54 % des travailleurs ont répondu par l'affirmative et 23 % par la négative, suivis par 11 % de personnes peu informées, 8 % de personnes très peu informées et 4 % d'indécis. Les résultats de cette question sont présentés dans la figure 19 ci-dessous.

On constate que la majorité des travailleurs n'ont aucune connaissance de la NR-18, par contre, ils connaissent ou ont entendu parler des lieux de vie, plus précisément des toilettes sur les chantiers de construction, un sujet qui intéresse davantage les travailleurs.

Figura 19 - Mise en œuvre obligatoire des zones d'habitation conformément à la norme NR-18

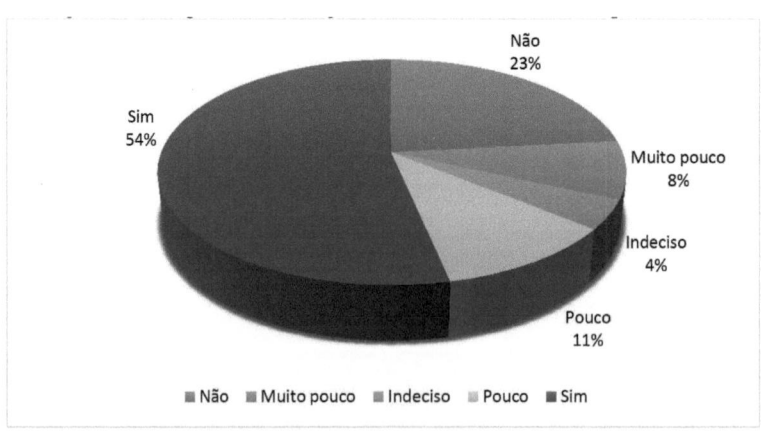

Source : Archives personnelles (2017).

La question suivante, illustrée par la figure 20, analyse la connaissance qu'ont les personnes

interrogées du fait que le non-respect de cette norme peut entraîner des amendes pour le constructeur, ainsi qu'un embargo sur les travaux. Parmi les personnes interrogées, 60 % ont répondu par l'affirmative et 27 % par la négative. Un pourcentage plus faible (5 %) a répondu oui ou très peu, et 3 % étaient indécis.

La plupart des professionnels interrogés ont répondu qu'ils ne connaissaient pas la NR-18, mais qu'ils comprenaient que chaque fois qu'une norme n'est pas respectée, elle peut donner lieu à des amendes.

Figura 20 - Conséquences du non-respect de la NR-18

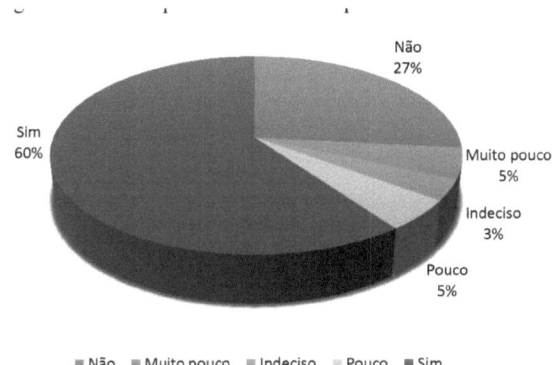

Source : Archives personnelles (2017).

La figure 21 montre le degré de satisfaction des travailleurs à l'égard des conditions d'hygiène et de sécurité sur le chantier. 68% des travailleurs ont répondu par l'affirmative, suivis par 16% de peu satisfaits, 7% d'insatisfaits, 6% d'indécis et 3% de très peu satisfaits.

Une proportion très importante de travailleurs est satisfaite des conditions d'hygiène et de sécurité sur le chantier. En revanche, dans les conversations, de nombreux travailleurs se sentent intimidés lorsqu'ils répondent à cette question et déclarent qu'ils n'ont pas le choix, soit ils travaillent dans les conditions que présente le chantier, soit ils sont remplacés par une autre équipe, qui "n'a pas à se plaindre".

En ce qui concerne la sécurité, certains travailleurs ont fait remarquer que la sécurité de chaque membre relève de la responsabilité du travailleur lui-même et que chacun doit savoir dans quelle mesure il peut prendre des risques en effectuant une tâche particulière.

Figura 21 - Niveau de satisfaction concernant les conditions d'hygiène, de santé et de sécurité sur le site

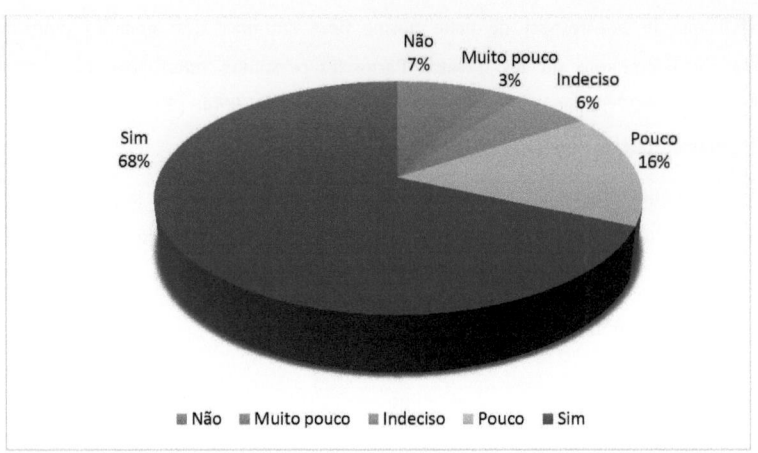

Source : Archives personnelles (2017).

En ce qui concerne la nécessité d'aménager des aires de séjour sur les chantiers de construction afin de garantir de bonnes conditions de santé, de sécurité et d'hygiène aux travailleurs de la construction, 77% des personnes interrogées pensent qu'elles le sont. Dans une moindre mesure, 9% pensent que la mise en place d'aires de séjour n'est pas très nécessaire, suivis par 6% qui sont indécis et considèrent que ce n'est pas nécessaire et 2% qui considèrent que c'est très inutile, comme le montre la figure 22.

Figura 22 - Avis des répondants à l'enquête sur la mise en œuvre des espaces de vie

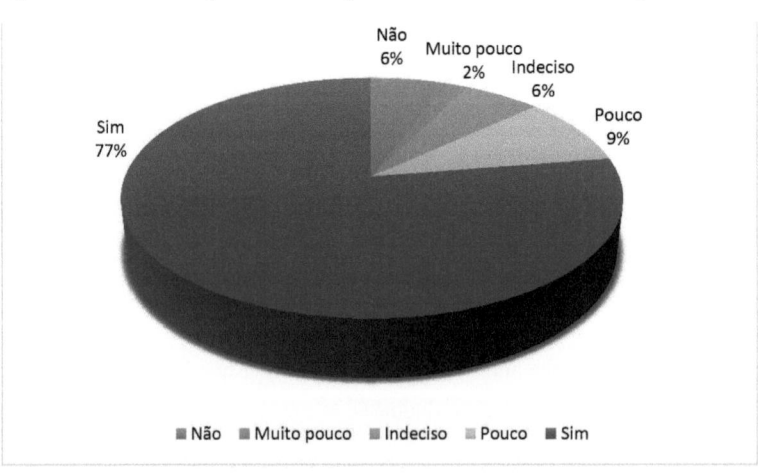

Source : Archives personnelles (2017).

Interrogés sur leur intérêt pour l'existence de zones d'habitation sur les chantiers, 77% de l'échantillon se sont montrés intéressés, tandis que 13% se sont déclarés peu intéressés. Dans une moindre mesure, 7 % ont répondu non, 2 % sont indécis et 1 % sont très peu intéressés, comme le montre la figure 23.

La grande majorité des personnes interrogées s'intéressent à l'existence d'espaces de vie et désignent l'installation de toilettes comme leur plus grand besoin.

Figura 23 - Avis des travailleurs sur l'existence de zones d'habitation sur le site

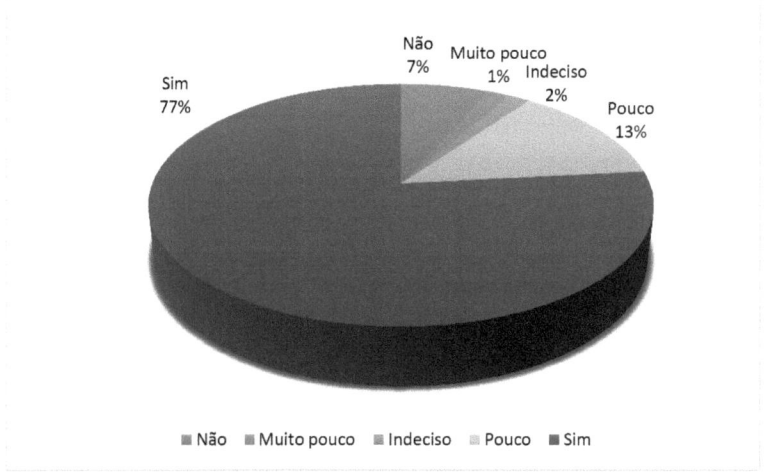

Source : Archives personnelles (2017).

Il a également été demandé aux professionnels interrogés s'ils se sentaient plus disposés à travailler.

de travailler dans un environnement de travail où il y a des espaces de vie pour répondre aux besoins de base, 81 % des personnes interrogées ont répondu oui, 9 % ont dit un peu, 6 % étaient indécis et 4 % des travailleurs ont déclaré que cela n'interférait pas avec leur disposition au travail, comme le montre la figure 24.

On constate qu'une grande partie des travailleurs estime que l'aménagement des espaces de vie a un impact direct sur l'environnement de travail sur le chantier. Ce résultat reflète l'état psychologique des travailleurs, car les conditions de travail sont des facteurs cruciaux pour valoriser les travailleurs et les intégrer dans la société, ainsi que pour garantir leur qualité de vie.

Zarpelon, Dantas et Leme (2008, p. 86) affirment que "l'entreprise de construction qui intègre le respect de la sécurité, de la santé et de l'hygiène au travail dans ses projets reflète sa responsabilité sociale, intègre le travailleur dans la société, sauve sa dignité et incorpore des valeurs qui sont à charge et qui entraînent une discrimination à l'égard de ces travailleurs".

Figura 24 - Modalités de travail sur les chantiers de construction comportant des zones d'habitation

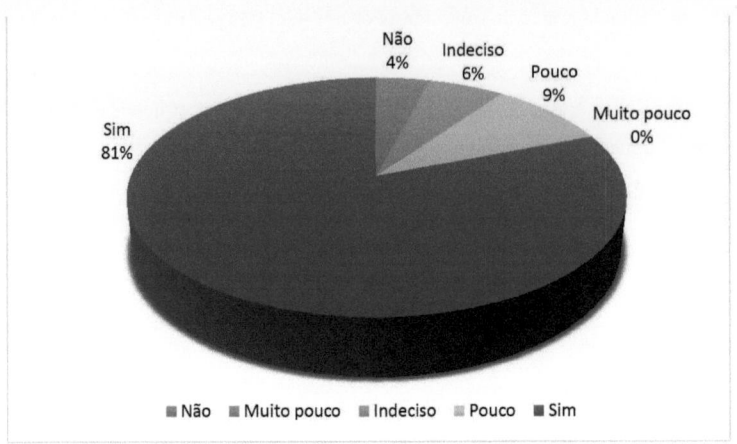

Source : Archives personnelles (2017).

Il a également été demandé aux travailleurs s'ils acceptaient l'utilisation de conteneurs avec des espaces de vie comme alternative pour garantir aux travailleurs de bonnes conditions de santé, de sécurité et d'hygiène. Le résultat a été positif : 71 % des personnes interrogées ont répondu oui, 13 % un peu, 11 % indécis, 3 % non et 2 % très peu. En général, l'idée a été bien accueillie par les travailleurs, comme le montre la figure 25.

Figura 25 - Acceptabilité de l'utilisation de conteneurs

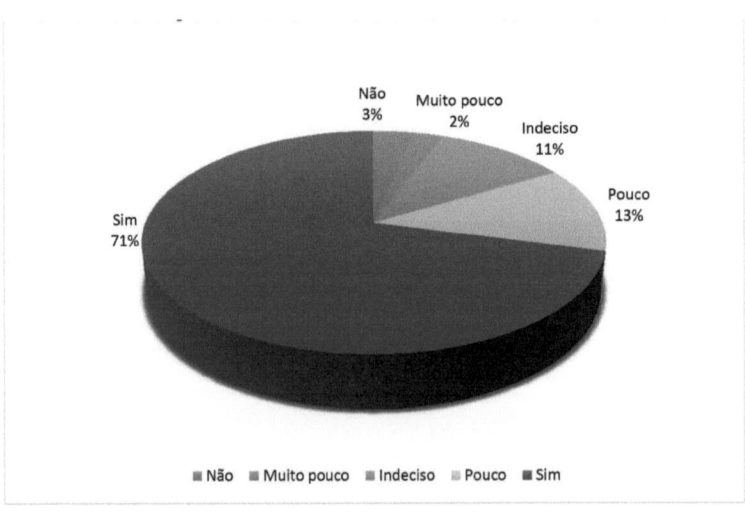

Source : Archives personnelles (2017).

5.11 Conteneur sec de 20 pieds avec espaces de vie

Le conteneur avec des espaces de vie dimensionnés pour des chantiers jusqu'à 10 travailleurs a été conçu dans le but d'aligner les petits chantiers sur la NR-18, ainsi que de garantir de meilleures conditions de sécurité, de santé et d'hygiène pour les travailleurs, en vue de réduire les coûts à long terme et la mobilité. Selon Occhi et Almeida (2016, p. 20), "sur un chantier utilisant des conteneurs, il est possible d'amener le module sur le chantier prêt à l'emploi".

L'étude a été réalisée à partir d'un conteneur Dry de 20 pieds, dont les dimensions intérieures sont de 2,35 mètres de large, 5,91 mètres de long et 2,39 mètres de haut, où les espaces de vie ont été dimensionnés, le logement étant divisé en installations sanitaires et en lieu de repas, afin de répondre aux spécifications de la NR-18.

Bien que la réglementation limite l'utilisation de ces modules à une hauteur de plafond inférieure à 2,40 mètres, le modèle utilisé a montré un plus grand potentiel économique pour les petits chantiers grâce à ses dimensions en longueur qui, outre l'espace nécessaire au dimensionnement des espaces de vie, permettent un transport pratique et moins d'espace sur le chantier pour accueillir les installations. Sa flexibilité et son potentiel modulaire permettent d'adapter le conteneur à la hauteur de plafond minimale exigée par la NR-18.

Les installations sanitaires disposent d'une salle de bain complète pour les travailleurs, avec tout l'équipement nécessaire pour une utilisation correcte, comme un lavabo individuel avec robinet, un distributeur de savon liquide, des serviettes en papier et une poubelle pour jeter le papier usagé. Cabine de toilette, d'une superficie de 1,00 m^2, contenant des toilettes avec chasse d'eau extérieure, du papier hygiénique et un récipient avec couvercle pour jeter le papier, ainsi qu'un urinoir avec chasse d'eau automatique et une cabine de douche de 0,80 m2, une douche avec alimentation en eau chaude, un porte-serviettes et un porte-savon.

La salle à manger a été conçue avec un lavabo, un distributeur d'eau à jet incliné, un micro-ondes pour réchauffer les repas, un évier, deux tabourets et deux tables pour accueillir 10 travailleurs, ainsi que des installations électriques, hydrauliques et sanitaires complètes. Les ouvertures extérieures et intérieures du conteneur seront en métal. La figure 26 montre le plan du conteneur avec les dimensions des espaces de vie.

Figure 26 - Plan de l'étage technique

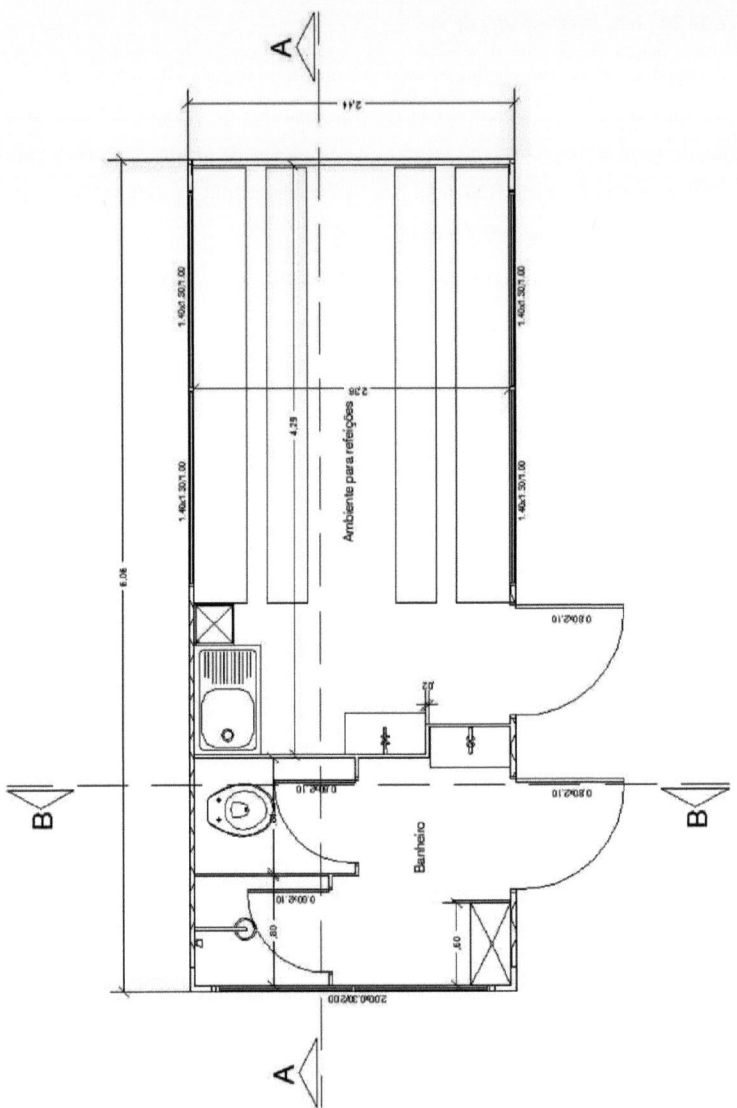

Source : Archives personnelles (2017).

L'alimentation en eau du conteneur se fera par un raccordement direct de la tuyauterie au réseau existant sur le chantier et les déchets seront évacués dans une boîte couplée sous la structure, d'une capacité de 4000 litres, en tenant compte du fait que le matériel sera enlevé une fois par semaine. L'alimentation électrique du conteneur a été conçue avec une dérivation d'alimentation avec une fiche industrielle à connecter à une prise du tableau général de basse tension (QGBT) sur le lampadaire.

Le dimensionnement du conteneur avec des espaces de vie ne prévoit pas de remorque, de sorte que le module peut être transporté sur les chantiers à l'aide d'un camion de type "munck". Il est à noter que le coût du transport du conteneur sur le chantier et de la peinture n'a pas été pris en compte lors de l'établissement du devis.

La figure 27 illustre la vue aérienne du plan d'étage en 3D du conteneur Dry 20-foot dimensionné avec les espaces de vie nécessaires.

Figure 27 - Perspective

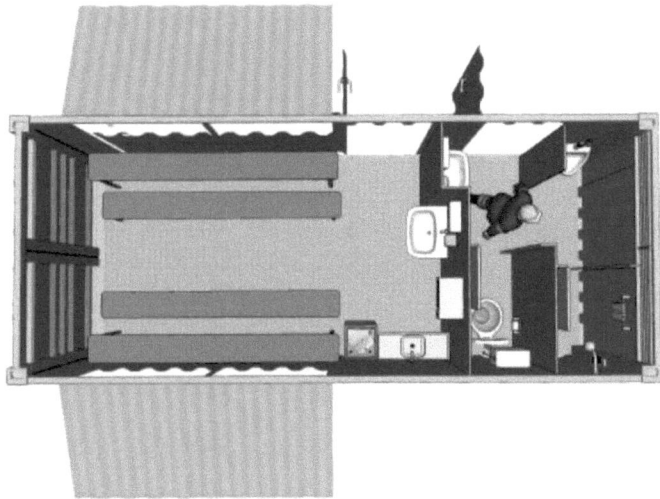

Source : Archives personnelles (2017).

5.12 Analyse budgétaire

Afin d'insérer hypothétiquement des conteneurs avec des espaces de vie pouvant accueillir jusqu'à 10 travailleurs, un budget a été établi pour évaluer la viabilité économique de ce produit. Pour ce faire, la table Sinapi a été utilisée comme référence, ainsi qu'une étude de marché dans la région pour certains éléments nécessaires à l'adaptation du conteneur.

Sur la base de ces chiffres, la valeur totale du conteneur adapté a été estimée à 25 730,65 BRL, comme le montre en détail l'annexe B.

Afin de connaître l'opinion des entreprises de construction sur le sujet, une enquête informelle a été menée auprès de 5 entreprises de construction de la ville d'Itapiranga et de la région environnante, leur demandant si elles étaient disposées à investir dans un conteneur avec des espaces de vie pouvant accueillir jusqu'à 10 travailleurs à la valeur budgétée en vue d'un futur délai de récupération, et, dans la négative, quel montant elles seraient prêtes à investir.

Selon la majorité des entreprises, la viabilité économique du conteneur adapté reste de l'ordre de 12 000 à 15 000 R$, et la majorité des entreprises de construction considèrent l'idée comme positive et sont intéressées par l'investissement. Cela montre à quel point les entreprises sont sérieuses sur le sujet et comment elles évaluent l'idée. D'autre part, l'entreprise de construction qui rejette l'idée du conteneur et croit toujours que cette règle ne s'applique pas aux petits chantiers, évalue le budget comme exagéré.

L'enquête auprès des entreprises de construction montre que le montant budgété pour le conteneur adapté est supérieur au montant que toutes les entreprises seraient prêtes à investir, car ce montant peut être calculé et simplifié, étant donné que la plupart des entreprises de construction contactées sont de petite taille, tout comme la majorité des bâtiments construits, qui sont plus petits et comptent peu de travailleurs sur le chantier.

L'utilisation de la table Sinapi pour fixer le prix des intrants a abouti à une valeur finale qui n'était pas souhaitée au départ. D'un autre côté, on pense qu'en recherchant les intrants sur une base régionale et en produisant ces conteneurs à grande échelle, il est possible de réduire cette valeur, ce qui la rendrait économiquement viable pour les petits chantiers de construction de la région.

5 CONSIDÉRATIONS FINALES

Afin d'évaluer la viabilité économique de la mise en œuvre de conteneurs en tant qu'espaces de vie, comme l'exige la NR-18, une enquête de terrain a été menée sur de petits chantiers de construction. Ces informations ont été recueillies à l'aide d'un questionnaire et d'une liste de contrôle, ainsi que des avis des entreprises de construction sur le sujet.

L'enquête a porté sur un échantillon de 48 chantiers et 120 répondants, montrant non seulement le profil des travailleurs, mais aussi leur connaissance de la norme NR-18, ce qui permet de constater qu'une grande partie des travailleurs ne connaissent pas la norme et ses spécifications. Cependant, un des résultats de l'enquête est que ces travailleurs considèrent l'idée de mettre en place des espaces de vie sur les chantiers comme plausible, montrant de l'intérêt pour le sujet et affirmant également que cela pourrait susciter une plus grande "volonté de travailler en raison des meilleures conditions de l'environnement", démontrant que les travailleurs sont très intéressés par l'application de la norme sur les chantiers, puisqu'ils ont le droit à des conditions de travail décentes.

En ce qui concerne le respect légal des exigences minimales prévues au point 18.4 (espaces de vie) de la NR-18, on constate qu'un grand nombre de chantiers présentent des situations précaires pour le travail humain, reflétant le non-respect de la réglementation et l'absence de contrôle par les DRT compétentes. Il convient de souligner que les conditions de travail sur les chantiers sont aussi le résultat de l'engagement des chefs d'entreprise et de la compétence des organismes de contrôle.

D'un point de vue économique, le projet proposé n'a pas répondu aux attentes des entreprises de construction évaluées, rendant irréalisable l'utilisation du conteneur pour de petits chantiers au prix proposé. Il faut souligner que l'idée a été bien acceptée par les professionnels du secteur, ce qui a donné lieu à d'autres études de faisabilité sur le sujet.

On peut constater que l'utilisation de conteneurs adaptés pour les zones d'habitation est une idée valable qui présente plusieurs avantages, notamment : une réduction des déchets de matériaux grâce à l'absence de construction d'ouvrages temporaires ; une accélération de la mise en œuvre du chantier pour le début des travaux ; de meilleures conditions d'hygiène et de santé pour les travailleurs ; et la réutilisation des conteneurs mis au rebut dans les villes portuaires comme moyen d'atténuer les incidences sur l'environnement.

Cette idée est corroborée par le fait que la flexibilité des modules permet de déplacer les conteneurs dans différentes zones, ainsi que par la durabilité et la longévité du matériau par rapport aux installations temporaires construites en bois ou similaires.

D'une manière générale, les petits chantiers analysés doivent être adaptés en termes d'espaces de vie conformément à la NR-18, afin d'offrir de meilleures conditions de sécurité, de santé et d'hygiène aux travailleurs de la construction. À cet égard, l'utilisation de conteneurs peut constituer une alternative plus accessible pour mettre en œuvre des changements sur les chantiers de construction, en les mettant en conformité avec les réglementations en vigueur.

L'importance de l'étude est également liée à l'orientation correcte de l'installation de zones d'habitation sur les petits chantiers, qui peut être utilisée par les universitaires, les entreprises et les professionnels du secteur pour garantir de meilleures conditions de sécurité, de santé et d'hygiène aux travailleurs de la construction et, par conséquent, se répercuter sur la meilleure qualité du produit final.

6.1 Limites de l'étude

L'utilisation de conteneurs dans la construction civile est encore peu connue et acceptée sur le marché brésilien, mais c'est une idée qui se répand et gagne du terrain grâce à l'amélioration des caractéristiques et de la qualité des matériaux, ce qui donne l'occasion de mener d'autres études sur le sujet, le thème servant de base à la continuité des futurs projets de recherche dans ce domaine.

Les résultats obtenus par cette étude peuvent être évalués dans des travaux futurs, en vérifiant l'utilisation d'autres modèles de conteneurs disponibles sur le marché, puisque l'étude s'est limitée au conteneur Dry 20 pieds.

Dans cette étude, des sites de construction dans quatre villes différentes ont été étudiés et 120 travailleurs de la construction ont été interrogés. À cet égard, il convient de souligner l'importance de la zone couverte par l'enquête, ainsi que le nombre de chantiers approchés, car plus l'éventail d'informations est large, plus l'enquête tend à être précise.

6.2 Recommandations pour la recherche future

En raison du délai imparti pour la recherche, certains des résultats initiaux n'ont pas été atteints. Il est donc recommandé que les travaux futurs abordent le sujet sous un angle différent, afin que l'utilisation de conteneurs comme espaces de vie sur les petits chantiers de construction puisse être évaluée de manière plus viable en termes de rentabilité, ce qui permettrait d'investir davantage dans les conditions de sécurité, de santé et d'hygiène sur les chantiers de construction.

Nous suggérons d'adapter la hauteur du plafond du conteneur sec de 20 pieds à 2,40 mètres, le minimum requis par la NR-18, et d'installer une remorque pour faciliter le déplacement des modules sur les sites de construction. Une isolation thermique et/ou une peinture pour améliorer le confort thermique du conteneur serait également utile, car le climat régional présente une grande amplitude de températures tout au long de l'année.

Enfin, une étude économique plus approfondie du projet est recommandée afin de réduire les coûts et de le rendre plus viable et abordable, les conteneurs n'étant pas encore très répandus dans la région. Une autre suggestion opportune serait de prévoir l'installation d'un réservoir d'eau attaché au conteneur, ce qui donnerait encore plus d'autonomie au module d'habitation.

RÉFÉRENCES

ASSOCIATION BRÉSILIENNE DES NORMES TECHNIQUES (ABNT). **NB 1367** : Zones d'habitation sur les chantiers de construction. Rio de Janeiro, 1991. Disponible à l'adresse suivante : <https://docs.google.com/viewer?a=v&pid=sites&srcid=ZGVmYXVsdGRvbWFpbnxwb3N1 bmlwbWJhZ29lY2F8Z3g6NGE1ZGM5OWMzmUxZTA4NA>. Consulté le : 13 septembre 2016.

ARAUJO, V. M. **Pratiques recommandées pour une gestion plus durable des chantiers de construction**. 2009. 229 f. Mémoire (Master en ingénierie de la construction civile et urbaine) - École polytechnique, Université de Sao Paulo, Sao Paulo, 2009.

BARBETTA, P. A. **Estatistica Aplicada às Ciências Sociais**. 5 ed. Florianópolis : UFSC, 2002.

BELLO, F. O. D. **Profil des travailleurs de la construction à Santa Maria - RS**. 2015. 54 f. Course Conclusion Paper (Graduation) - Technology Centre, Federal University of Santa Maria, Santa Maria, 2015.

BRÉSIL - Coordination nationale pour la défense de l'environnement de travail (CODEMAT). **Liste de contrôle - NR 18**. Disponible à l'adresse : <http://www.sesmt.com.br/Blog/Artigo/check-list-nr- 18>. Consulté le : 20 octobre 2016.

BRÉSIL, **décret n°80.145** du 15 août 1977, p. 1. Disponible à l'adresse : <http://www.planalto.gov.br/ccivil_03/decreto/1970-1979/D80145.htm>. Consulté le : 23 octobre 2016.

BRÉSIL, **Décret n° 7.983**, du 08 avril 2013a. p. 1. Disponible sur : <http://www.planalto.gov.br/ccivil_03/_Ato2011-2014/2013/Decreto/D7983.htm>. Consulté le : 12 octobre 2016.

BRÉSIL - Ministère du travail et de l'emploi. **NR 1** : dispositions générales. Brasilia, 2009. p. 1-2. Disponible à l'adresse : <http://trabalho.gov.br/images/Documentos/SST/NR/NR1.pdf>. Consulté le : 26 septembre 2016.

BRÉSIL - Ministère du travail et de l'emploi. **NR 7** : programmes de contrôle médical de la santé au travail. Brasilia, 2013b. p. 5. Disponible à l'adresse : <http://trabalho.gov.br/images/Documentos/SST/NR/NR7.pdf>. Consulté le : 29 septembre 2016.

BRÉSIL - Ministère du travail et de l'emploi. **NR 9** : programme de prévention des risques environnementaux. Brasilia, 2014a. Disponible à l'adresse suivante : <http://trabalho.gov.br/images/Documentos/SST/NR/NR-09atualizada2014III.pdf>. Consulté le : 26 septembre 2016.

BRÉSIL - Ministère du travail et de l'emploi. **NR 18** : conditions de travail et environnement dans l'industrie de la construction. Brasilia, 2015b. p. 2-53. Disponible à l'adresse : <http://trabalho.gov.br/images/Documentos/SST/NR/NR18/NR18atualizada2015.pdf>. Consulté le : 26 septembre 2016.

BRESIL - Ministère du travail et de l'emploi. **Stratégie nationale de réduction des accidents du travail 2015-2016**. Brasilia, 2015a. Disponible à l'adresse suivante

<http://acesso.mte.gov.br/data/files/FF8080814D5270F0014D71FF7438278E/Estrat%C3%A9gia%20Nacional%20de%20Redu%C3%A7%C3%A3o%20dos%20Acidentes%20do%20Trabalho%202015-2016.pdf>. Consulté le : 29 septembre 2016.

BRASIL, **Ordonnance n° 3.214**, du 8 juin 1978, p. 2. Disponible sur : <http://www.jacoby.pro.br/diversos/nr_16_perigosas.pdf>. Consulté le : 26 septembre 2016.

Cour des comptes de l'Union. **Lignes directrices pour l'élaboration de feuilles de calcul budgétaires pour les travaux publics**. Brasilia, 2014b. p. 46. Disponible sur : < http://portal2.tcu.gov.br/portal/pls/portal/docs/2675808.PDF>. Consulté le : 26 septembre 2016.

Cour des comptes de l'Union. **Travaux publics** : recommandations de base pour l'attribution et la supervision des travaux publics. 3. ed. Brasilia : TCU, SecobEdif, 2013c.

Disponible à l'adresse : <http://www.esporte.gov.br/arquivos/cie/manuaisObraTCU.PDF>. Consulté le : 12 octobre 2016.

CARBONARI, L. T. **Reuse of ISO containers in architecture** : design, construction and normative aspects of thermal performance in buildings in southern Brazil. 2015. 196 f. Mémoire (Master en architecture et urbanisme) - Centre technologique, Université fédérale de Santa Catarina, Florianópolis, 2015.

CARBONARI, L. T. ; BARTH, F. Reuse of ISO standard containers in the construction of commercial buildings in southern Brazil. **PARC Pesquisa em Arquitetura e Construçao**, Campinas, SP, v. 6, n. 4, 2015. Disponible à l'adresse : <http://periodicos.sbu.unicamp.br/ojs/index.php/parc/article/viewFile/8641165/11867>. Consulté le : 15 septembre 2016.

CBIC. **Guide des espaces de vie** : un guide pour la mise en place d'espaces de vie sur les chantiers de construction. Brasilia, DF : CBIC, 2015. Disponible à l'adresse : <http://cbic.org.br/arquivos/Guia_Areas_Vivencia.pdf>. Consulté le : 02 septembre 2016.

CBF. **Conteneurs maritimes.** 2014. Disponible à l'adresse : <http://cbfcargo.com/containeres-maritimos.html>. Consulté le : 29 septembre 2016.

COSTA, D. C. R. F. **Metal containers for construction sites** : experimental analysis of thermal performance and improvements in heat transfer through the envelope. 2015. 174 f. Mémoire (Master en ingénierie de la construction civile et urbaine)-École polytechnique, Université de Sao Paulo, Sao Paulo, 2015.

CW METAL STRUCTURES LTDA. **Conteneur maritime**, 2015. Disponible à l'adresse : <http://www.cwestruturas.com.br/container_maritimo.html>. Consulté le : 30 septembre 2016.

ESPINOZA, J. W. M. **Mise en œuvre d'un programme de conditions de travail et d'environnement dans l'industrie de la construction pour les chantiers du sous-secteur de la construction à l'aide d'un système informatisé**. 2002. 107 f. Mémoire (maîtrise en ingénierie de la production) - Centre technologique, Université fédérale de Santa Catarina, Florianópolis, 2002.

EUROBRAS. **Avantages de la construction modulaire**. 2016. Disponible à l'adresse : <http://www.eurobras.com.br/2016/04/26/beneficios-da-construcao-modular/>. Consulté le : 02 octobre 2016.

FIGUEROLA, V. **Ship containers become raw material for building houses**. 2013. Disponible à l'adresse : <http://techne.pini.com.br/engenharia-civil/201/conteineres-de- ship-containers-become-raw-material-for-building-houses-302572-1.aspx>. Consulté le : 02 octobre 2016.

GONZALEZ, M. A. S. **Noçôes de orçamento e planejamento de obras** : curso introdutório, 2007. Notes de cours. Disponible à l'adresse suivante :

<http://engenhariaconcursos.com.br/arquivos/Planejamento/Nocoesdeorcamentoeplanejament odeobras.pdf>. Consulté le : 12 octobre 2016.

GOMES, H. P. **Construção civil e saù do trabalhador** : um olhar sobre as pequenas obras. 2011. p. 47. 190 f. Thèse (Doctorat en sciences dans le domaine de la santé publique)-Escola Nacional de Saùde Pùblica Sergio Arouca, Fundaçao Oswaldo Cruz, Rio de Janeiro, 2011.

GRUPOIRS. **Conteneur standard**. 2016. Disponible à l'adresse suivante :

<https://www.grupoirs.com.br/containers/container-padrao-standard/> Consulté le : 15 mars 2017.

INSTITUT BRESILIEN D'AUDIT DES TRAVAUX PUBLICS (IBRAOP), **Technical Guideline OT - IBR 001/2006**, Define basic project specified in Federal Law No. 8.666/93, 2012, p. 3. Disponible à l'adresse suivante : <http://portalgeoobras.tce.mg.gov.br/docs/0T%20IBR%2004-2012%20Ibraop.pdf>. Consulté le : 12 octobre 2016.

INSTITUT D'INGENIERIE. **Norme technique IE - No. 01/2011 pour l'établissement des budgets des travaux de construction civile**. 2011, p. 17, disponible à l'adresse : <http://ie.org.br/site/ieadm/arquivos/arqnot7629.pdf>. Consulté le : 03 octobre 2016.

JÛNIOR, J. A. D. **Sécurité du travail sur les chantiers de construction** : une approche dans la ville de Santa Rosa-RS. 2002. 85 f. Travail de fin d'études - Département de technologie, Université régionale du Nord-Ouest de l'État de Rio Grande do Sul, Ijui, 2002.

LIMA JR., M. L. J. ; VALCARCEL, A. L. ; DIAS, L. A. **Segurança e Saùde no Trabalho da Construção** : experiência brasileira e panorama internacional, Brasilia : ILO - International Labour Office, 2005.

LIMMER, C. V. **Planification, budgétisation et contrôle des projets et des travaux**. 1 éd. Rio de Janeiro : LTC, 2015. p. 86.

MARTINS, M. S. ; SERRA, S. M. B. L'importance de l'élaboration du PCMAT : concepts, évolution et recommandations. In : SIMPÒSIO BRASILEIRO DE GESTAO E ECONOMIA DA CONSTRUÇÂO, 3. 2003, Sao Carlos. **Proceedings**... Sao Carlos-SP : SIBRAGEC, 2003.

MATTOS, A. D. **Como preparar orçamentos de obras**. 2 ed. Sao Paulo : PINI, 2014. p. 42.

MAXTON LOGÌSTICA E TRANSPORTES. **Types de conteneurs**, 2016. Disponible à l'adresse : <http://maxtonlogistica.com.br/utilitarios/tipos-containers.php>. Consulté le : 30 septembre 2016.

MEDEIROS, A. P. C. ; PINHEIRO, F. J. **Vérification des zones d'habitation, des monte-charges et des échafaudages suspendus conformément à la norme NR18** : une étude de cas. 2011. 63 f. Travail de fin d'études (diplôme) - Centre des sciences exactes et technologiques, Université de l'Amazonie, Belém, 2011.

MEDEIROS, J. A. D. M. ; RODRIGUES, C. L. P. L'existence de risques dans l'industrie de la construction et sa relation avec les connaissances des travailleurs. In : ENCONTRO NACIONAL DE ENGENHARIA DE PRODUÇÂO, 11. 2001, Salvador. **Proceedings**... Salvador : FTC, 2001.

MELO, M. B. F. V. **Influence de la culture organisationnelle sur le système de gestion de la santé et de la sécurité au travail dans les entreprises de construction**. 2001. 180 f. Thèse (Doctorat en ingénierie de la production)-Université fédérale de Santa Catarina, Florianópolis, 2001.

OCCHI, T. ; ALMEIDA, C. C. O. Use of containers in civil construction : constructive feasibility and perception of residents of Passo Fundo-RS. **Revista de Arquitetura IMED**, v. 5, n. 1, p. 16-27, janv./juin, 2016. Disponible à l'adresse : <https://seer.imed.edu.br/index.php/arqimed/article/view/1282>. Consulté le : 20 septembre 2016.

PIZAIA, G. D. et al. **TP-04 Containers**. 2012. 60 f. Travail de fin d'études (diplôme) - École polytechnique, Université catholique pontificale de Paranà, Curitiba, 2012.

RODRIGUES, K. F. C. ; ROZENFELD, H. **Analyse de viabilité économique**. École de

Engenharia de Sao Carlos da USP, Sao Carlos, p. 1, [n.d.]. Disponible à l'adresse : <http://www.portaldeconhecimentos.org.br/index.php/por/Conteudo/Analise-de-Viabilidade-Economica>. Consulté le : 01 octobre 2016.

ROCHA, C. A. G. S. C. ; SAURIN, T. A. ; FORMOSO, C. T. **Evaluation de l'application du NR-18 sur les chantiers**. 2000. 8 f. Rio Grande do Sul, 2000. Disponible à l'adresse : <http://www.producao.ufrgs.br/arquivos/arquivos/E0013_00.pdf>. Consulté le : 15 septembre 2016.

SAURIN, T. A. **Méthode de diagnostic et lignes directrices pour la planification des chantiers**. 1997. 162 f. Mémoire (maîtrise en ingénierie) - École d'ingénierie, Université fédérale de Rio Grande do Sul, Porto Alegre, 1997.

SAURIN, T. A. ; FORMOSO, C. T. **Planification des chantiers et gestion des processus** : recommandations techniques HABITARE. Porto Alegre : ANTAC, v. 3, 2006. Disponible à : <https://docente.ifrn.edu.br/valtencirgomes/disciplinas/projeto-e-implantacao- de-canteiro-de-obras/apostila-habitare>. Consulté le : 20 septembre 2016.

SERVICE BRÉSILIEN DE SOUTIEN AUX MICRO ET PETITES ENTREPRISES (SEBRAE). Participation des micro et petites entreprises à l'économie brésilienne. Brasilia, 2014. p. 6. Disponible à l'adresse suivante :

<http://www.sebrae.com.br/Sebrae/Portal%20Sebrae/Estudos%20e%20Pesquisas/Participacao%20das%20micro%20e%20pequenas%20empresas.pdf>. Consulté le : 02 septembre 2016.

SYSTÈME NATIONAL DE RECHERCHE SUR LES COÛTS ET INDICES DE LA CONSTRUCTION CIVILE (SINAPI). **Manuel de méthodologies et de concepts**. Brasilia : Caixa Economica Federal, 2014. p. 18. Disponible à : <http://www.arq.ufmg.br/biblioteca/wp-content/uploads/2014/07/SINAPI_Manual_de_Metodologias_e_Conceitos_v01 -2014.pdf>. Consulté le : 13 octobre 2016.

SILVA, R. P. ; RODRIGUES, G. R. S. Accident prevention in the construction industry : the work of labour nurses. **Cientifico**, v. 14, n. 29, p. 14, jul-dez, 2014.

SOBRINHO, E. S. **Évaluation qualitative de la mise en œuvre de la NR-18 sur les chantiers de construction de bâtiments à Belém**. 2014. 133 f. Monographie (spécialisation en ingénierie de la sécurité au travail)-Centre des sciences naturelles et de la technologie, Université de l'État du Pará, Belém, 2014.

SOUZA, D. K. K. La **sécurité au travail dans les petits chantiers de construction à Guarapuava**. 2013. 38 f. Monographie (spécialisation en ingénierie de la sécurité au travail)-Département académique de construction civile, Université technologique fédérale de Paranà,

Curitiba, 2013.

STRESSER, E. **Évaluation de la conformité à la NR-18 de sept zones d'habitation de travaux publics dans l'État du Paranâ**. 2013. 55 f. Monographie (spécialisation en ingénierie de la sécurité au travail) - Département académique de construction civile, Université technologique fédérale de Paranâ, Curitiba, 2013.

TROTTA, C. L. **Analyse des zones d'habitation sur les chantiers de construction**. 2011. 49 f. Mémoire de fin d'études (diplôme) - Centre des sciences exactes et de la technologie, Université fédérale de Sao Carlos, Sao Carlos, 2011.

UTZIG, M. J. S. Accounting and Management Controls Used by Small Industries. In : ENCONTRO DE ESTUDOS SOBRE EMPREENDEDORISMO E GESTÀO DE PEQUENAS EMPRESAS, 7. 2012, p. 4, Florianópolis. **Actes**... Florianópolis : EGEPE 2012, 2012.

VALENTINI, J. **Méthodologie pour la budgétisation des travaux de génie civil**. 2009. 72 f. Monographie (spécialisation en construction civile) - École d'ingénieurs, Université fédérale de Minas Gerais, Belo Horizonte. 2009, p. 12.

VIEIRA, H. F. **Logistica aplicada à construção civil** : como melhorar o fluxo de produção nas obras. Sao Paulo : PINI, 2006, p. 171.

ZAGo, V. G. S. et al. Occupational safety in the construction industry. In : ENCoNTRo DE TECNoLoGIA DA UNIUBE, 8. 2014, Uberaba. **Proceedings...** Uberaba : ENTEC 2014, 2014.

ZARPELoN, D. ; DANTAS, L. ; LEME, R. **La NR-18 comme outil de gestion de la sécurité, de la santé, de l'hygiène du travail et de la qualité de vie des travailleurs dans l'industrie de la construction**. 2008. 122 f. Monographie (spécialisation en hygiène du travail) - École polytechnique, Université de São Paulo, São Paulo, 2008.

ANNEXE A - QUESTIONNAIRE SUR LA CONNAISSANCE DE LA NR-18

ENQUETE SUR LA CONNAISSANCE DU NR-18 CHEZ LES TRAVAILLEURS DE LA CONSTRUCTION

TRAVAILLEURS DE LA CONSTRUCTION

Ce questionnaire fait partie d'une enquête menée par Jaine Vogt, étudiante en génie civil à FAI Faculdades, et vise à évaluer les connaissances des travailleurs de la construction en ce qui concerne la norme réglementaire n° 18 (NR-18).

VILLE : _____ DATE : __/__/__

Lisez attentivement toutes les questions et classez les **questions 4 à 11 selon la** réponse qui correspond le mieux à votre opinion.

Note : Les **espaces de vie** sont des espaces conçus pour répondre aux besoins humains fondamentaux tels que l'alimentation, l'hygiène, le repos, les loisirs, la socialisation et les facilités ambulatoires.

1) Quel rôle jouez-vous sur votre lieu de travail ?							
[ ] Ingénieur	[ ] Contremaître [ ]		Maçon [ ]		Autre		
[ ] Maître d'œuvre	[ ] Serviteur		[ ] Charpentier				
2) Quel est votre âge ?							
[ ] moins de 20 ans	[ ] 31 à 40 ans		[ ] plus de 50 ans				
[ ] 20 a 30	[ ] 41 a 50						
3) Depuis combien d'années travaillez-vous dans le secteur de la construction ?							
[ ] moins de 5	[ ] 11 a 15		[ ] 21 a 25				
[ ] 5 a 10	[ ] 16 a 20		[ ] plus de 25				
				NON	TRES PEU	INDÉCISIF	FEW	OUI
4) Ai-je connaissance de la norme NR-18 ?								
5) Suis-je conscient que la NR-18 exige la mise en place d'aires de vie								

sur les chantiers de construction de toute taille ?					
6) Suis-je conscient que le non-respect de cette norme peut entraîner des amendes pour le constructeur et un embargo sur les travaux ?					
7) Suis-je satisfait des conditions d'hygiène et de sécurité sur le chantier ?					
8) J'estime qu'il est nécessaire d'aménager des zones d'habitation sur les chantiers de construction pour garantir de bonnes conditions de santé, de sécurité et d'hygiène aux travailleurs de la construction ?					
9) Je m'intéresse à l'existence de zones de vie dans la chantier de construction ?					
10) Suis-je plus enclin à travailler dans un lieu de travail où il y a des espaces de vie pour répondre à mes besoins en matière d'alimentation, d'hygiène, de repos, de loisirs, de socialisation et de déambulation ?					
11) Pour la mise en conformité des chantiers avec la NR-18, est-ce que j'accepte l'innovation consistant à installer des zones d'habitation mobiles dans des conteneurs comme alternative pour garantir aux travailleurs de bonnes conditions de santé, de sécurité et d'hygiène ?					

ANNEXE B - Ventilation des coûts pour l'adaptation du conteneur en espaces de vie

CONTENEUR MODIFIÉ POUR L'UTILISATION D'INSTALLATIONS TEMPORAIRES DANS LES ZONES D'HABITATION SUR LES CHANTIERS DE CONSTRUCTION							
ITEM	CODE	DESCRIPTION	UNITÉ	QUANT.	PRIX UNITAIRE (R$)	PRIX TOTAL (R$)
1	**STRUCTURE**					
1.1	MARCHÉ	Dry Standard Conteneur de 20 pieds (unité nationalisée, avec facture) + fret	un.	1,00	7000,00	7000,00
1.2	MARCHÉ	Table en tôle d'acier	un.	2,00	680,00	1360,00
1.3	MARCHÉ	Banque fixe	un.	2,00	760,00	1520,00
2	**DIVISIONS**					
2.1	MARCHÉ	Cloisons métalliques de 2 cm d'épaisseur	m^2	13,00	240,00	3120,00
3	**CADRES DE FENETRES EN METAL**					
3.1	MARCHÉ	Porte métallique 0.80X2.10m, avec serrure, ouvrable	un.	2,00	472,00	944,00
3.2	MARCHÉ	Porte métallique 0.60X2.10m, avec serrure, ouvrable	un.	2,00	354,00	708,00
3.3	MARCHÉ	Ouverture métallique à panneaux 1,40x1,30m	un.	4,00	400,00	1600,00
3.4	MARCHÉ	Fenêtre grillagée en métal 2.00x0.30m	un.	1,00	198,00	198,00
3.5	SINAPI 74047/002	Charnière en acier/fer, 3" x 21/2", E=1.9 A 2 mm, sans anneau, chromé ou zingué, calotte sphérique, avec vis	un.	8,00	24,82	198,56
3.6	MARCHÉ	Ciseaux articulés en acier inoxydable 40cm gauche Mahler	un.	8,00	37,80	302,40
4	**INSTALLATIONS HYDRAULIQUES**					
4.1	MARCHÉ	Fontaine à colonne de pression	un.	1,00	617,15	617,15
4.2	SINAPI 89356	Tuyau, PVC, soudable, DN 25mm, installé dans un branchement ou un sous-branchement d'eau - fourniture et installation	m	18,00	16,73	301,14
4.3	SINAPI	Té, PVC, soudable, DN 25mm, installé dans la branche	un.	5,00	6,45	32,25

	89440	de distribution d'eau froide - fourniture et installation				
4.4	SINAPI 89481	Raccord soudable à 90 degrés, en PVC, DN 25mm installé dans les conduites d'eau - fourniture et installation	un.	12,00	3,45	41,40
4.5	SINAPI 00039138	Collier de serrage en acier pour attacher les conduits, type U simple, 3/4" de long	un.	14,00	0,26	3,64
4.6	SINAPI 89534	Manchon soudable et fileté, PVC, soudable, DN 25mm X 3/4, installé dans les conduites d'eau - fourniture et installation	un.	6,00	3,05	18,30
4.7	SINAPI 89351	soupape de pression brute de 3/4", fournie et installée sur le branchement d'eau	un.	1,00	23,48	23,48
4.8	SINAPI 90371	Robinet à boisseau sphérique, PVC, fileté, 3/4", fourni et installé dans le branchement d'eau	un.	1,00	17,71	17,71
5	**ACCESSOIRES SANITAIRES, VAISSELLE ET METAUX**					
5.1	SINAPI 1368	Douche en plastique blanc, avec tuyau, 3 températures, 5500W (110/220V)	un.	1,00	38,00	38,00
5.2	SINAPI 95543	Porte-serviettes de bain en métal chromé, type barre, y compris les fixations	un.	1,00	31,63	31,63
5.3	SINAPI 95469	WC à siphon conventionnel avec vaisselle blanche - fourniture et installation	un.	1,00	174,11	174,11
5.4	MARCHÉ	Boîte de chasse en plastique, externe, complète avec tuyau de chasse, raccord flexible, flotteur et support de fixation - capacité 9 litres	un.	1,00	29,90	29,90
5.5	SINAPI 12613	Descente extérieure en PVC pour trou d'homme extérieur haut - 40 mm X 1.60 m	un.	1,00	7,57	7,57
5.6	SINAPI 95544	Bac à papier mural en métal chromé sans couvercle, y compris le support de fixation	un.	1,00	24,04	24,04
5.7	SINAPI 95545	Porte-savon mural en métal chromé, y compris les fixations	un.	1,00	23,53	23,53
5.8	SINAPI	Distributeur en plastique pour savon liquide avec	un.	2,00	55,94	111,88

	95547	réservoir de 800 à 1500 ml, y compris la fixation					
5.9	MARCHÉ	Porte-serviettes en papier	un.	2,00	49,00	98,00	
5.10	MARCHÉ	Corbeille à papier	un.	3,00	10,00	30,00	
5.11	SINAPI 74234/001	Urinoir siphonné en faïence blanche avec accessoires, avec soupape de pression 1/2" avec poignée chromée, finition simple et kit de fixation - fourniture et pose	un.	1,00	482,76	482,76	
5.12	MARCHÉ	Lavabo en plastique	un.	2,00	13,50	27,00	
5.13	SINAPI 86916	Robinet de réservoir en plastique 3/4" - fourniture et installation	un.	2,00	21,46	42,92	
5.14	MARCHÉ	Evier inox 80x50 cm STANDARD - TRAMONTINA	un.	1,00	135,45	135,45	
6	**INSTALLATIONS ÉLECTRIQUES**						
6.1	MARCHÉ	Ampoule LED 9W	un.	2,00	21,95	43,90	
6.2	SINAPI 93145	Point d'éclairage et prise de courant, résidentiel, y compris interrupteur simple et prise de courant 10A/250V, boîte électrique, conduit, câble, arrachage, rupture et ancrage (à l'exclusion du luminaire et de la lampe)	un.	2,00	178,80	357,60	
6.3	SINAPI 92025	Interrupteur simple (1 module) avec prises encastrées 2P+T 10 A, y compris support et plaque	un.	1,00	58,52	58,52	
6.4	SINAPI	Conduit fileté rigide, PVC, DN 25 mm (3/4"), pour circuits terminaux, installé au plafond - fourniture et installation	m	22,00	7,90	173,80	
6.5	SINAPI 74131/001	Tableau de distribution de courant encastré, en tôle, pour 3 disjoncteurs magnéto-thermiques unipolaires sans jeu de barres - fourniture et installation	un.	1,00	62,17	62,17	
6.6	MARCHÉ	Fiche 2P+T 16A 220/240V N-3076 steck	un.	1,00	22,83	22,83	
6.7	MARCHÉ	Prise industrielle encastrée 3P+T 16A 380V S-4046 - steck	un.	1,00	52,90	52,90	
6.8	MARCHÉ	Micro-ondes LG 30L, avec poignée	un.	1,00	499,00	499,00	
7	**INSTALLATIONS SANITAIRES**						
7.1	SINAPI	Siphon, PVC, DN 100 x 40 mm, joint soudé, fourni et	un.	1,00	6,37	6,37	

	89495	installé dans les branchements d'évacuation des eaux pluviales				
7.2	SINAPI 89711	Tuyau en PVC, série normale, pour l'assainissement des bâtiments, DN 40 mm, fourni et installé dans une branche de drainage ou d'assainissement sanitaire.	m	3,00	14,42	43,26
7.3	SINAPI 89712	Tuyau en PVC, série normale, pour l'assainissement des bâtiments, DN 50 mm, fourni et installé dans une branche de drainage ou d'assainissement sanitaire.	m	4,00	20,81	83,24
7.4	SINAPI 89714	Tuyau en PVC, série normale, pour l'assainissement des bâtiments, DN 100 mm, fourni et installé dans une branche de drainage ou d'assainissement sanitaire.	m	1,00	40,00	40,00
7.5	SINAPI 89731	Joint à 90 degrés, PVC, série normale, assainissement des bâtiments, DN 50 mm, joint élastique, fourni et installé dans la branche d'évacuation des eaux usées sanitaires.	un.	4,00	7,88	31,52
7.6	SINAPI 89744	Raccord à 90 degrés, PVC, série normale, assainissement des bâtiments, DN 100 mm, joint élastique, fourni et installé dans la branche d'évacuation de l'égout sanitaire	un.	1,00	17,77	17,77
7.7	SINAPI 89732	45 degrés, PVC, série normale, égout de bâtiment, DN 50 mm, joint élastique, fourni et installé dans la branche d'évacuation de l'égout sanitaire	un.	3,00	8,43	25,29
7.8	SINAPI 89785	Joint simple, PVC, série normale, assainissement des bâtiments, DN 50 X 50 mm, joint élastique, fourni et installé dans les branchements de drainage ou d'assainissement sanitaire.	un.	1,00	14,81	14,81
7.9	SINAPI 10908	Joint de réduction inversé, PVC soudable, 100 X 50 mm, série normale pour égouts de bâtiments	un.	1,00	11,49	11,49
7.10	SINAPI 72295	Bouchon d'égout en PVC 100 mm - fourniture et installation	un.	1,00	11,54	11,54
7.11	SINAPI 86883	Siphon flexible en PVC 1 x 1,1/2 - fourni et installé	un.	3,00	7,88	23,64
7.12	MARCHÉ	Poubelle 4000 litres	un.	1,00	1150,00	1150,00

8	SOL					
8.1	MARCHÉ	Ruban adhésif antidérapant 50mmx5m	m	3,00	8,00	24,00

Note : Tableau SI MAPI Février/2017

TOTAL	22016,47
BDI %	16,87%
GRAND TOTAL	25730,65

BDI	
Groupe A - DÉPENSES INDIRECTES	
Administration centrale	1,00%
Total	1,00%
Groupe B - BONUS	
Profit	6,00%
Total	6,00%
Groupe C - FISCALITÉ	
PIS	0,65%
COFINS	3,00%
SSI	3,00%
Total	6,65%
Groupe D - RISQUE	
Risque	1,40%
Total	1,40%
Groupe E - DÉPENSES FINANCIÈRES	
Dépenses	0,50%
Total	0,50%
Formule de calcul des B.D.I. (bénéfices et dépenses indirectes)	BDI

AC=Taux de répartition de l'administration centrale
DF=Taux des frais financiers R=Taux de risque, d'assurance et de garantie
I=Taux d'imposition
L=Taux de profit

BDI = BDI (%) = $\frac{(((1+AC/100) \times (1+DF/100) \times (1+R/100) \times (1+L/100))- 1) \times 100}{(1- (I/100))}$	16,87%

ANNEXE C - Reportage photographique des 48 ouvrages recensés

Chantier 1

Chantier 2

Chantier 3

Chantier de construction 4

Chantier de construction 5

Chantier de construction 6

Chantier de construction 7

Chantier de construction 8

Chantier de construction 9

Chantier de construction 10

Chantier de construction 11

Chantier de construction 12

Chantier de construction 13

Chantier de construction 14

Chantier de construction 15

Chantier de construction 16

Chantier de construction 17

Chantier de construction 18

Chantier de construction 19

Chantier de construction 20

Chantier de construction 21

Chantier de construction 22

Chantier de construction 23

Chantier de construction 24

Chantier de construction 25

Chantier de construction 26

Chantier de construction 27

Chantier de construction 28

Chantier de construction 29

Chantier de construction 30

Chantier de construction 31

Chantier de construction 32

Chantier de construction 33

Chantier de construction 34

Chantier de construction 35

Chantier de construction 36

Chantier de construction 37

Chantier de construction 38

Chantier de construction 39

Chantier de construction 40

Chantier de construction 41

Chantier de construction 42

Chantier de construction 43

Chantier de construction 44

Chantier de construction 45

Chantier de construction 46

Chantier de construction 47

Chantier de construction 48

ANNEXE D - Plans d'étage des projets de conteneurs secs adaptés de 20 pieds

(Demandez le projet complet à l'auteur à l'adresse suivante : juliocardinal1@gmail.com)

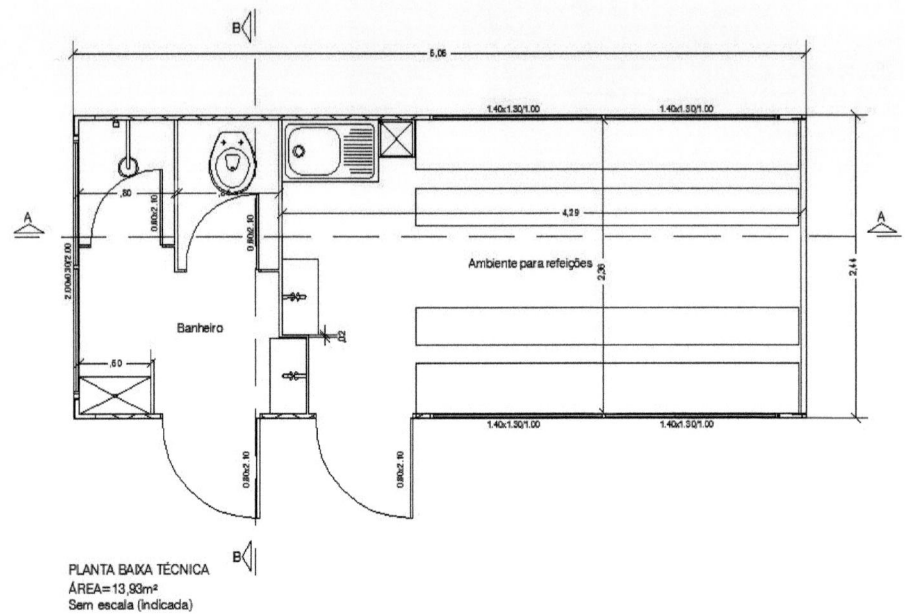

PLANTA BAIXA TÉCNICA
ÁREA= 13,93m²
Sem escala (indicada)

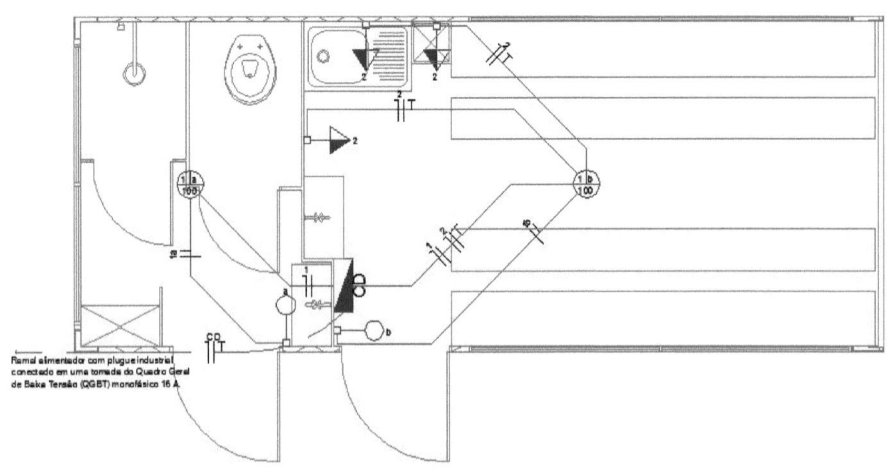

PLANTA BAIXA DE INSTALAÇÃO ELÉTRICA
Sem escala

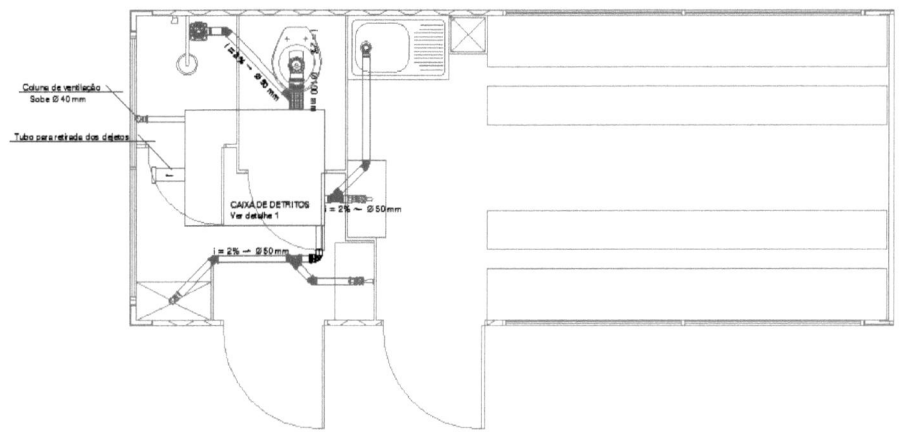

PLANTA BAIXA DE INSTALAÇÃO SANITÁRIA
Sem escala

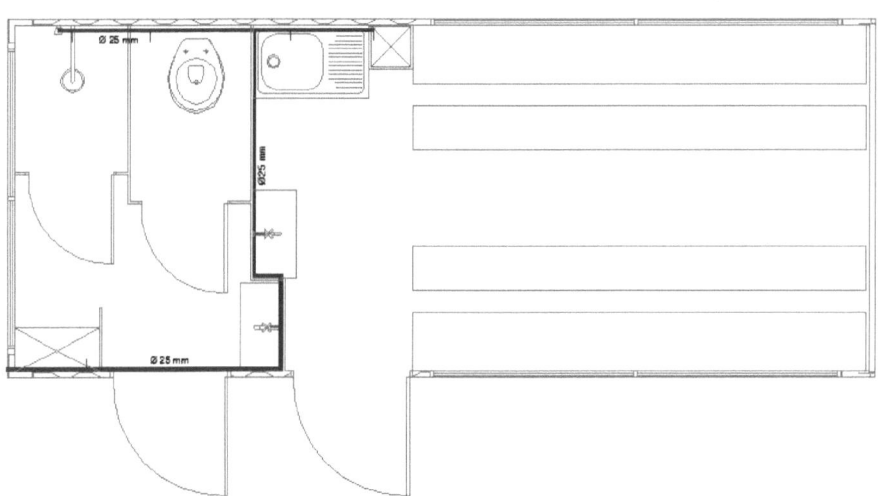

PLANTA BAIXA DE INSTALAÇÃO HIDRÁULICA
Sem escala

ANNEXE A - LISTE DE CONTRÔLE DE LA SURFACE HABITABLE

Liste de contrôle basée sur le modèle proposé par la Coordination nationale pour la défense de l'environnement de travail (CODEMAT) (BRASIL, 2016).

LISTE DE CONTRÔLE POUR LES ESPACES DE VIE NR-18
Ce document définit les exigences minimales qui doivent être respectées sur les petits chantiers de construction afin de réduire les accidents du travail et les maladies professionnelles dans le secteur de la construction. Les informations recueillies serviront de source pour le travail de conclusion de cours (TCC) de Jaine Vogt, étudiante en génie civil.

VILLE : _____ DATE : __/__/__

NOMBRE DE SALARIÉS:HOMMES:FEMMES :

DESCRIPTION	SITrATION		
	S	N	NA
INSTALLATIONS SANITAIRES			
Note : Nécessaire sur les chantiers de toute taille			
Y a-t-il un lavabo dans un rapport de 1 à 20 travailleurs (18.4.2.4) ?			
Y a-t-il un urinoir dans un rapport de 1 à 20 travailleurs (18.4.2.4) ?			
Y a-t-il des toilettes dans la proportion de 1 à 20 travailleurs (18.4.2.4) ?			
Y a-t-il une douche dans le rapport de 1 à 10 travailleurs (18.4.2.4) ?			
Les installations sanitaires sont-elles en parfait état d'entretien et d'hygiène (18.4.2.3a) ?			
Des portes d'accès sont-elles prévues pour empêcher les manipulations (18.4.2.3b) ?			
Les murs sont-ils faits d'un matériau solide et lavable (ils peuvent être en bois) ? (18.4.2.3c)			
Les sols sont-ils imperméables, lavables et dotés d'une finition antidérapante (18.4.2.3d) ?			
Les installations sanitaires ne sont-elles pas directement reliées aux salles à manger (18.4.2.3e) ?			
Y a-t-il une séparation par sexe (18.4.2.3f) ?			

Les installations électriques sont-elles protégées de manière adéquate (18.4.2.3g) ?			
La ventilation et l'éclairage sont-ils suffisants (18.4.2.3h) ?			
La hauteur du plafond est-elle d'au moins 2,50 mètres ? (18.4.2.3i)			
Le trajet entre le lieu de travail et les toilettes ne dépasse pas 150 mètres (18.4.2.3j).			
L'armoire sanitaire a-t-elle une porte munie d'un verrou et dont le bord inférieur ne dépasse pas 0,15 m de haut ? (18.4.2.6.1b)			
Les urinoirs sont-ils équipés d'une chasse d'eau déclenchée ou automatique (18.4.2.7.1c) ?			
Les urinoirs sont-ils situés à une hauteur maximale de 0,50 mètre du sol (18.4.2.7.1d) ?			
Y a-t-il une douche avec de l'eau chaude (18.4.2.8.3) ?			
Les douches électriques sont-elles correctement mises à la terre (18.4.2.8.5) ?			
VÊTEMENTS	S	N	NA
Note : Nécessaire lorsque des travailleurs ne vivent pas sur le site.			
Les murs sont-ils en maçonnerie, en bois ou en matériau équivalent (18.4.2.9.3a) ?			
Há planchers en béton, en ciment, en bois ou en matériau équivalent ? (18.4.2.9.3b)			
Há toit pour se protéger des intempéries ? (18.4.2.9.3c)			
La surface de ventilation correspond-elle à 1/10 de la surface de plancher (18.4.2.9.3 d) ?			
Há éclairage naturel et/ou artificiel (18.4.2.9.3e)			
Há armoires individuelles équipées d'une serrure ou d'un cadenas (18.4.2.9.3f)			
Les vestiaires ont-ils une hauteur de plafond minimale de 2,50 mètres ? (18.4.2.9.3g)			
Le vestiaire est-il maintenu en parfait état d'entretien, d'hygiène et de propreté (18.4.2.9.3h) ?			

Há nombre suffisant de bancs pour les utilisateurs, d'une largeur minimale de 0,30 m ? (18.4.2.9.3i)			
HÉBERGEMENT	S	N	NA
Note : Obligatoire lorsque les travailleurs vivent sur le site			
Le logement n'est-il pas situé en sous-sol (18.4.2.10.1h) ?			
Les murs sont-ils en maçonnerie, en bois ou en matériau équivalent (18.4.2.10.1a) ?			
Le sol est-il en béton, en ciment, en bois ou en matériau équivalent (18.4.2.10.1b) ?			
Há á surface minimale de 3,00 m2 par module de lit/penderie, y compris la surface de circulation ? (18.4.2.10.1f)			
Le drap, la taie d'oreiller, la couverture, si nécessaire, et l'oreiller sont-ils dans un état hygiénique (8.4.2.10.6) ?			
Le logement dispose-t-il de placards (18.4.2.10.7) ?			
Pas de cuisson ou de chauffage des repas dans le logement (18.4.2.10.8)			
Le logement est-il maintenu dans un état permanent de réparation, d'hygiène et de propreté (18.4.2.10.9) ?			
Há fontaines à jet incliné dans la proportion de 1 à 25 travailleurs ? (18.4.2.10.10)			
La hauteur du plafond est-elle de 2,50 mètres pour les lits simples et de 3,00 mètres pour les lits doubles (18.4.2.10.1 g) ?			
Pas d'utilisation de 3 lits ou plus dans la même verticale (18.4.2.10.2)			
SALLE À MANGER	S	N	NA
Note : Obligatoire si les travailleurs prennent leur petit-déjeuner et/ou leur déjeuner sur place.			
La salle à manger n'est-elle pas située dans les sous-sols ou les caves (18.4.2.11.2 j) ?			
La salle à manger ne communique-t-elle pas directement avec les installations			

sanitaires (18.4.2.11.2 k) ?			
La salle à manger a-t-elle une hauteur de plafond minimale de 2,80 mètres ? (18.4.2.11.2 l)			
La salle à manger comporte-t-elle (18.4.2.11.2) : a) des parois permettant de s'isoler pendant les repas ?			
b) les sols en béton, ciment ou autre matériau lavable ?			
c) un toit qui protège des intempéries ?			
d) la capacité à garantir que tous les travailleurs peuvent être servis à l'heure des repas ?			
e) la ventilation et l'éclairage naturel et/ou artificiel ?			
f) lavabo installé à proximité ou à l'intérieur ?			
g) des tables avec des plateaux lisses et lavables ?			
h) Y a-t-il suffisamment de sièges pour répondre aux besoins des utilisateurs ?			
(i) poubelle à couvercle pour les déchets ?			
Há fontaine à boire dans la salle à manger (18.4.2.11.4)			
CUISINE	**S**	**N**	**NA**
Note : Obligatoire si les aliments sont préparés sur place			
La cuisine dispose-t-elle (18.4.2.12.1) : a) d'une ventilation naturelle et/ou artificielle permettant l'évacuation ?			
b) hauteur de plafond minimale de 2,80 mètres ou conformément au code de la construction de la municipalité où les travaux doivent être effectués ?			
c) des murs en maçonnerie, en béton, en bois ou en matériaux équivalents ?			
d) Béton, ciment ou autre revêtement de sol facile à nettoyer ?			
e) toit résistant au feu ?			
f) l'éclairage naturel et/ou artificiel ?			
g) Un évier pour laver les aliments et les ustensiles ?			
h) les installations sanitaires qui ne communiquent pas avec la cuisine et qui sont réservées à l'usage exclusif du responsable de la cuisine ?			

i) L'installation sanitaire dispose-t-elle d'un conteneur avec couvercle pour la collecte des déchets ?			
j) Disposez-vous d'équipements de réfrigération pour la conservation des aliments ?			
k) Est-elle adjacente à la salle à manger ?			
l) les installations électriques sont-elles protégées de manière adéquate ?			
m) En cas d'utilisation de gaz de pétrole liquéfié (GPL), les bouteilles sont-elles installées à l'extérieur de la pièce où elles sont utilisées, dans un endroit ventilé et couvert ?			
LAUNDRY	S	N	NA
Note : Obligatoire lorsque les travailleurs sont hébergés			
La buanderie dispose-t-elle de suffisamment de réservoirs individuels ou collectifs pour tous les travailleurs (18.4.2.13.2) ?			
Les travailleurs disposent-ils d'un endroit approprié, couvert, ventilé et éclairé pour laver, sécher et repasser leurs vêtements personnels (18.4.2.13.1) ?			
ESPACE DE LOISIRS	S	N	NA
Note : Obligatoire lorsque les travailleurs sont hébergés			
Y a-t-il un espace de loisirs ?			
S'il n'y a pas de zone de loisirs spécifique, la cantine est-elle utilisée comme zone de loisirs (18.4.2.14.1) ?			
REMARQUES :			

LÉGENDE :

S= OUI (adopte la pratique ou la situation dans l'entreprise) ;

N= NON (n'adopte pas la pratique ou la situation dans l'entreprise) ;

NA= NON APPLICABLE (Cela signifie que l'élément ne s'applique pas à la réalité de

l'entreprise).			
TOTAL	**OUI** (__)	**NON** (__)	**SANS OBJET** (_____)

I want morebooks!

Buy your books fast and straightforward online - at one of world's fastest growing online book stores! Environmentally sound due to Print-on-Demand technologies.

Buy your books online at
www.morebooks.shop

Achetez vos livres en ligne, vite et bien, sur l'une des librairies en ligne les plus performantes au monde!
En protégeant nos ressources et notre environnement grâce à l'impression à la demande.

La librairie en ligne pour acheter plus vite
www.morebooks.shop

info@omniscriptum.com
www.omniscriptum.com   OMNIScriptum

Printed by Books on Demand GmbH, Norderstedt / Germany